ESSAI D'UN TRAITÉ

DE

L'AGRICULTURE PROVENÇALE

PAR M. GUILLON,

PROPRIÉTAIRE ET ANCIEN MAIRE.

— ◦ —

VOLUME II°

La Vigne, l'Olivier, le Mûrier, le Figuier, l'Amandier, le Noyer,
le Poirier sauvage et le Cerisier.

Pratique vaut théorie.

DRAGUIGNAN,

IMPRIMERIE DE P. GIMBERT, PLACE DU ROSAIRE.

—

1863.

ESSAI D'UN TRAITÉ

DE

L'AGRICULTURE PROVENÇALE

28167

C.

ESSAI D'UN TRAITÉ

DE

L'AGRICULTURE PROVENÇALE

PAR M. GUILLON,

PROPRIÉTAIRE ET ANCIEN MAIRE.

VOLUME II°

La Vigne, l'Olivier, le Mûrier, le Figuier, l'Amandier, le Noyer,
le Poirier Sauvage et le Cérisier.

Pratique vaut théorie.

DRAGUIGNAN,

IMPRIMERIE DE P. GIMBERT, PLACE DU ROSAIRE.

1863.

ESSAI D'UN TRAITÉ

DE

L'AGRICULTURE PROVENÇALE

CHAPITRE Ier.

La vigne.

Que dirai-je de la vigne ? Il faudrait une
plume plus éloquente et surtout mieux taillée
que la mienne, pour dépeindre en termes voulus son utilité, ses produits précieux et son
rendement fabuleux, qui depuis quelques années
répand dans la plus grande partie de la Provence, l'aisance, le bien être et la richesse.

On ne peut plus dire aujourd'hui qu'elle
donne des produits vermeils, roses ou blancs,
mais elle donne à la lettre, des grappes d'or.
Heureux, les propriétaires qui ont eu l'excel-

lente idée de planter leur terrain en temps et
lieu, ils recueillent aujourd'hui le fruit de leur
intelligence, de leur dépense et de leur bonne
agriculture ; ils récoltent presque sans peine et
chaque année de l'or. Agriculteurs prévoyants
et sagaces, ils ont cultivé à propos, et ils reçoivent depuis quelques années la récompense bien
méritée de leurs travaux agricoles et de leur
culture intelligente.

Arrière pessimistes ou égoistes à vue étroite
et courte, qui tendez à empêcher ce mouvement
vers le bien être, ces élans vers une amélioration heureuse, qui ne craignez pas de vous
écrier partout, vous plantez trop, bientôt vous
serez obligé d'arracher vos vignes ! Non ! non,
répondrai-je avec les clairvoyants et les labo-
rieux, plantons toujours, nous avons pour nous
des débouchés immenses, les nouveaux traités
de commerce, les chemins de fer pour transporter, rapidement et sans secousses, tous nos vins
dans les pays les plus éloignés. A la seule idée
que ces vins vont arriver, nos compatriotes du
Nord font claquer les lèvres ; le front nuageux

de nos bons amis les Anglais se déride, et les Germains, les Cosaques et toutes ces nations plus ou moins tartares, dès qu'ils en auront goûté en useront et en abuseront ; et les vins dussent-ils être encore cédés à 8 fr. l'hectolitre, donneront toujours un produit plus certain, plus facile que celui du blé et de l'huile, plantons donc, plantons toujours !

Cu jouiné planto, viei Canto. Celui qui plante étant jeune, chantera étant vieux.

Les peuples anciens connurent tous la vigne ; les Romains surtout nous ont laissé quelques notices sur le rendement de leur vigne qui est réellement phénoménal et fabuleux. Il est à supposer qu'ils ne la cultivaient pas en grand, mais seulement dans des terrains d'une fertilité prodigieuse et surtout en treilles, et alors ces produits, qui au premier aspect paraissent empreints d'une étrange exagération, n'ont plus rien de surprenant ; car qui de nous n'a pas eu à apprécier, avant l'apparition de l'oïdium, la quantité étonnante de raisin que fournissaient certaines vignes plantées et cultivées en treilles.

J'en ai vu , pour mon compte, qui produisaient 150 et 200 livres de raisins , ou 50 à 60 litres de vin.

Au reste ce qui me paraît le plus véridique sur la culture de la vigne chez tous ces peuples, c'est qu'ils ne la cultivaient point dans les mêmes règles et conditions que nous , et que tous leurs rendements vrais ou exagérés , tous leurs écrits , tous leurs vers , n'ont rien laissé de certain pour l'agriculture, et n'ont prouvé qu'une seule chose , c'est que tous s'inclinaient devant cet arbuste productif, et aimaient, comme nous l'aimons , son jus précieux.

La vigne est l'arbuste le plus agreste , elle prend par bouture avec une étonnante facilité, et vient, sans exception, dans tous les terrains de la Basse-Provence.

Grès, calcaire, sable , pierres , rocs, tout lui convient ; seulement ces diverses natures de terrain exigent, pour la faire prospérer, plus ou moins de culture et de dépense , et le choix intelligent des espèces de provins ou (mayoou).

Il est hors de doute qu'une sage combinaison

du terrain et des plants augmente la qualité, la durée de la vigne et la quantité du produit.

La qualité du terrain et sa bonne exposition donnent la partie sucrée et alcoolique, et développent, à un haut degré, le bouquet des espèces de cépages. Ainsi un terrain maigre de grès, de schiste ou de calcaire, bien exposé, donnera un vin d'un goût exquis et très alcoolique, n'importe quelle espèce de plants seront radiqués sur ces sols.

Tandis qu'un terrain gras, humide, à exposition douteuse, donnera une plus grande quantité de fruit, mais à coup sûr, le vin en sera moins bon et moins alcoolique. Dans ces terrains tous les plants en général prospèrent comme quantité.

Je crois utile de mentionner les plants qui conviennent de préférence à chaque espèce de terrain et qui par un choix intelligent des cépages ou plants, peuvent augmenter les quantités dans les terrains maigres et la qualité dans les terrains gras et fertiles.

Dans les terrains les plus maigres et les plus

rocailleux, on doit planter le *Pécouil touart*, c'est le plant le plus agreste, qui y réussit le mieux, et donne toujours une quantité de fruit qui vous dédommage largement de vos travaux.

Dans les terrains médiocres la clairette, l'uni blanc et le languedocien.

Dans les terrains gras le Morvède, l'uni noir, le pascal, le tibouren et le barbarroux.

A l'époque des vendanges vous faites, autant que possible le mélange de ces diverses qualités de raisins, dans les cuves, en laissant surtout dans ces cuves, la grappe sans la soumettre au pressoir ; et ces qualités ainsi mêlées se corrigent, s'aident mutuellement, et finissent par donner une bonne qualité de vin de conserve et de vente.

Si vous voulez avoir une certaine quantité de vin réellement fin et exquis, pour votre consommation personnelle et pour les amis, choisissez un hectare d'un terrain maigre, sec, bien exposé au soleil, et plantez dans ce terrain le tibouren, l'uni blanc, le frontignan et le barbarroux, sans cependant les mélanger dans la plantation, c'est-à-dire, que vous établirez 4 ou 5 filagnes de chaque espèce. Vous obtiendrez ainsi un vin réellement de qualité supérieure et d'un goût exquis relativement aux autres vins de la Provence.

Un terrain maigre bien abrité et bien exposé au soleil, vous donnera toujours un fruit, (à la condition qu'il arrivera à sa maturité sans souffrir) plus fin, plus savoureux qu'un terrain fertile, gras et arrosant. Qui n'a fait la différence essentiellement frappante qui existe entre les pêches dites de vigne, d'un goût et d'un parfum exquis, et les pêches d'un jardin, plus grosses, il est vrai, mais toujours aqueuses et d'un bouquet douteux ? Qui n'a savouré avec délices le parfum de la Reine-Claude provenant d'un terrain sec ? Et les poires aussi, surtout l'espèce dite Cramoisine ? Tous ces fruits vous les aurez plus abondants et plus gros dans un jardin, ou dans un terrain gras; mais s'ils arrivent à bonne maturité dans un terrain maigre et bien exposé au soleil, leur goût flattera le palais d'une manière bien autrement agréable, et la vigne a comme ces arbres en général, et moins que ces arbres elle redoute la sécheresse et donne alors des produits plus certains.

Le terrain et l'exposition aident puissamment à développer les parfums, le goût de chaque espèce de fruit, et ces qualités si précieuses et si recherchées par les connaisseurs disparaissent et sont souvent annihilées par la surabondance d'une végétation vigoureuse, que fournit un terrain trop fertile et surtout arrosant, et dès lors on peut dire qu'un terrain médiocre bien cultivé, donnera la qualité et le goût, et un terrain gras et arrosant, la quantité et la grosseur des fruits.

Je crois utile de faire connaître à mes lecteurs la durée respective de chaque plant que je viens de citer plus haut.

Le morvède dans les terrains gras, a une durée presque éternelle.

Le pecouit touart, dans tous les terrains a une durée à peu près semblable au morvède.

Le tibouren et le barbarroux durent aussi très longtemps.

L'uni noir a une durée plus limitée que le blanc et que les qualités ci-dessus désignées.

Le languedocien résiste dans le calcaire et le schiste, mais se rabougrit et décline rapidement dans les terrains sablonneux, gras et surtout humides.

Règle générale, dans les terrains essentiellement composés de grès ou de sable, la vigne n'a qu'une existence très limitée, et il est rare qu'elle dépasse 50 ans, tandis que dans un terrain compacte, profond et gras, sa durée se perpétue pendant plusieurs siècles.

LEUR PORTÉE.

Le morvède reste au moins 5 ans avant de donner des fruits (je n'appelle pas fruit une grappe ou deux isolées) et n'est en plein rapport qu'à l'âge de 14 ans.

Le Pécouit touart et l'Uni noir donnent des fruits après trois ans de plantation et sont en plein rapport à l'âge de 10 ans.

Le Barbarroux et le Tibouren donnent leur

fruit à l'âge de 4 ans et sont en plein rapport aussi à 12 ans.

Le Languedocien est le plus hâtif de tous les plants ; souvent la deuxième année il donne des fruits, et toujours la troisième, et il est en plein rapport à l'âge de 8 ans.

Il est malheureusement bien reconnu que l'oïdium attaque de préférence les raisins blancs, tandis que les noirs résistent mieux ; il convient dès lors de ne planter pour le moment que ces dernières espèces.

Quand on veut planter un champ, il faut le diviser en couloirs ou filagnes ; cette opération se fait à l'araire et de la manière suivante :

On place deux jalons, distancés d'un mètre, aux deux extrémités dudit champ, deux autres au milieu, et un laboureur tant soit peu adroit, tire alors avec la charrue 2 lignes parallèles, et marque ainsi la place qui doit être défoncée. Cette opération se continue autant de fois que le champ peut contenir de filagnes ou couloirs.

Il faut avoir le soin en faisant ce tracé, de

concilier le coup d'œil, l'exposition, la direction des filagnes avec l'écoulement des eaux.

Le coup d'œil, à la vérité, ne rend rien,
mais il flatte et réjouit agréablement la vue et
fait honneur à l'agriculteur, qui prouve par
cette distribution, son goût et son intelligence.

Pour l'exposition, il faut que la vigne soit
plantée de manière à bien recevoir le soleil, à ne
pas barrer, contrecarrer le passage du levant et
du mistral, les deux vents les plus impétueux
de la Provence, qui vous la dévoreraient en
partie, vous briseraient des tiges précieuses : il
faut, autant que possible, la planter dans la direction du levant au couchant.

La direction. Après quelques années de plantation, le sol de la filagne étant toujours plus
relevé que le terrain des sillons, forme un
barrage à l'écoulement des eaux pluviales ; il est
urgent et indispensable même que chaque filagne ait alors une pente régulière et prononcée.
A défaut, votre champ serait métamorphosé en
lac temporaire il est vrai, et ces eaux nuiraient
à la fertilité du sol, de la vigne et aux semences.

Un terrain de bonne qualité doit être planté par couloirs de cinq mètres de distance. Dans ces couloirs, on peut encore parfaitement cultiver le blé ou toute autre semence.

Un terrain de qualité médiocre devra être planté à 2 mètres 50 ou à 3 mètres de distance, là où on doit renoncer à la culture du blé, et ne plus labourer que pour faire prospérer la vigne ; le produit que vous en retirerez vous dédommagera largement de la perte du blé ou de l'avoine, et je vais vous le démontrer.

Un hectare complanté à couloirs de 5 mètres contient 21 filagnes et exige 2,700 provins environ.

Un hectare planté à couloirs de trois mètres contient 32 filagnes et exige à son tour 4,000 provins.

Il est généralement admis et reconnu qu'un hectare contenant 2,700 provins, produit *terme moyen*, 27 hectolitres ou 40 charges de vin, (mesure du pays).

L'agriculteur le moins intelligent sait que le produit varie suivant la nature du terrain. Un

'terrain gras, fertile, et profond peut donner plus
de 50 charges de vin ; tandis qu'un terrain maigre, de grès dur, de sable, de schiste, purs,
arrivera avec peine à donner 30 charges. Le
terme moyen est donc de 40 charges.

Un hectare contenant 4,000 provins, en faisant la part de la différence du sol, et de l'autre
ajoutant le produit des 1300 provins de plus, les
labours annuels qui suppléeront à la médiocrité
de ce sol, vous obtiendrez un résultat à peu
près proportionnel, c'est-à-dire, au moins 34
hectolitres, 66 litres ou 50 charges de vin par
hectare.

Cet hectare ensemencé de blé vous produirait
tous les deux ans le 4 p. 1 de semence ou 640
litres de blé ; levez 160 litres pour semence,
la moitié pour les travaux, il vous reste 240
litres ou une charge et demie, à 40 fr. les 160
litres font un total de 60 fr. tous les deux ans,
et le produit de chaque année est de 30 fr.

Le vin vous produirait 34 hectolitres, 66
litres, qui vendus à 20 fr. l'hectolitre réprésen-
tent en argent 693 f. 30, ou à 10 f., 345 f. 60.

2

Les frais de labour, la taille, le piochage, les frais de vendanges et de décuvage, vous donneront un total de dépense s'élevant à 103 fr. 50 cent., il vous reste donc 589 fr. 70 ou 243 fr. 15 cent.

Vous perdez, il est vrai, 30 fr. par an d'un côté, et de l'autre vous aurez obtenu, terme moyen, 416 fr. 15 cent.

Aux agriculteurs qui tiennent aux blés, comme à la prunelle de leurs yeux, je vais leur prouver que la perte qu'ils éprouveront, en plantant de vigne, un champ de bonne qualité, est essentiellement minime, insignifiante, pour ne pas dire nulle.

Un hectare de terrain nu exige habituellement 160 litres de blé en semence, la vigne sur un seul rang, en prend, il est vrai, le dixième, ou 16 litres (un panal). J'admets que ces terrains produisent le 8 pour 1 de semence, j'exagère, mais peu importe; c'est donc 8 panaux de blé ou 128 litres, qu'ils auront en moins, tous les 2 ans. Moitié, 64 ou 4 panaux, et par année 32 litres ou 2 panaux.

Or un propriétaire qui ensemencerait dix hectares par an, éprouverait une perte de 320 litres ou 2 charges de blé par année ou soit 80 fr. Cette perte sera encore bien atténuée par les meilleurs labours que vous forceront à donner, malgré vous, les beaux produits de la vigne. Ces produits que voici vont faire disparaître cette perte insignifiante.

Il est hors de doute, qu'une vigne plantée dans un terrain donnant le 8 pour 1, dépasserait, à coup sûr, le produit ci-dessous, qui n'est que le terme moyen. L'hectare à 2,700 plants, produit 27 hectolitres, dix hectares produiront donc 270 hectolitres, qui vendus à 20 fr., donneront 5,400 fr. ou à 10 fr., 2,700; frais tout compris, 450 fr.; il vous restera donc net 4,950 fr. ou 2,250, selon que les vins se vendront à ces cours. Vous aurez peut-être perdu 80 fr., et vous réaliserez d'un autre côté terme moyen, 3,350 fr.

Quel est l'agriculteur qui peut rester impassible et froid devant ce résultat d'une stricte exactitude. Vous tous que le ciel a favorisés, mettez la main à l'œuvre, si vous ne l'avez déjà fait. Riches, dépensez une partie de votre or à planter, et vous quintuplerez vos revenus; propriétaires, à qui les fonds peuvent manquer, n'hésitez pas à emprunter pour planter la vigne; vous paierez, il est vrai le 5 p. 0|0, mais dans 5 à 6 ans vous aurez placé à votre tour cette somme au 50 p. 0|0. Dans ces placements vous ne craignez ni banqueroute, ni jeux de bourse, ni duperies ; vous dépensez utilement votre argent, votre temps et votre activité ; vous méritez bien de vos intérêts et de votre pays, car vous aurez procuré ainsi, durant de longues années le travail à ceux qui ne possèdent pas, et qui n'ont que le produit de leurs bras pour unique ressource.

Je pourrais citer à l'appui de ce que je viens de dire une de nos propriétés dite Saint-Marcel, mais je préfère citer celle d'un de mes voisins, située dans le territoire du Cannet du Luc.

Il y a 9 ans environ, un nommé Louis Teisseire, ancien marchand de volailles, et aujourd'hui gros propriétaire, acheta une propriété

dite les *Vingtinières*, malgré les cris, malgré les
quolibets et les railleries de l'immense majorité
de la population, au prix de 7,000 fr. et avec
les frais d'acte, le revient réel est de 8,000 fr.

Cette propriété a une contenance de 40 hectares, le terrain est très maigre, sablonneux et
le sous sol d'un grès très dur. Le sieur Teisseire
n'hésita pas à planter; les fonds lui manquaient,
il n'hésita pas à emprunter, et il a planté à coup
sûr, de la manière la plus expéditive, la plus
leste, la moins dispendieuse. Aujourd'hui ce
propriétaire récolte 70 boutes de vin ou 373
hectolitres 40 litres de vin, (la boute est de
533 litres) il vient de vendre à 144 fr. la
boute ou 27 fr. l'hectolitre.

Ainsi cette propriété sur laquelle on a jeté, à
propos, trois ou quatre mille francs, qui n'a
coûté que 8,000 fr. en tout, rend déjà, seulement en vin 40,080 fr. brut. Le possesseur ré-
coltera facilement 100 boutes de vin dans
quelques années, une partie des vignes n'étant
pas encore en plein rapport, et il aura, à coup

sûr, un produit annuel et certain de 10 à 12 mille francs.

Ici toute réflexion devient inutile, et je me contente de dire : *Ab uno disce omnes.*

MANIÈRE DE PLANTER LA VIGNE.

La vigne se plante de diverses manières savoir :

A fossés ouverts, au pousse-avant, à la grande charrue et au sol défoncé en plein.

Un sol compacte et argileux doit être planté à fossés ouverts, pour ameublir, autant que faire se peut, ce terrain. L'homme jette alors la terre sur les côtés du fossé ou banc, en ayant soin de mettre la première couche d'un côté, et la seconde de l'autre, et le fossé reste ainsi ouvert, ayant 1 mètre de largeur et 50 cent. de profondeur. Ensuite lorsqu'on le comble, on a le soin de faire tomber la première couche, qui est la meilleure qualité de terre, au fond du banc, et la deuxième après ; on aura le soin de cheviller dans ce terrain là le Morvède.

Un terrain ordinaire et léger, doit être planté

au pousse-avant, c'est-à-dire, que l'homme,
comme pour le fossé ouvert, défonce le terrain
à 1 mètre de profondeur et 50 centimètres de
largeur, rejette la terre qu'il soulève derrière
lui, en ayant le soin de mettre au fond la première couche, et forme ainsi l'encaissement de
la vigne; le Languedocien et l'Uni conviennent
à ces terrains.

Les terrains rocailleux se plantent aussi au
pousse-avant ; seulement, il faut avoir le soin
de donner plus de largeur aux fossés ; le Pécouit
touart ou Braqué y réussit très bien et doit être
le plant préféré.

Pour bien faire et surtout plus lestement ces
genres de plantation, le travailleur doit avoir
un béchard (houe à 2 pointes) lourd et à pointes
bien élargies.

Lourd, pour qu'il s'enfonce facilement et
profondément dans le sol, et large pour qu'il
puisse enlever de lourds fragments de terre
(prendre de gros caou) et au pousse-avant, le
travailleur aura toujours un vide de 1 mètre
25 cent. pour ne pas être engorgé, suffoqué

par la terre soulevée, et pour ne pas avoir à
chaque instant la pioche, dite eissade, à la main.

Les terrains légers ou sablonneux se plantent
ou au pousse-avant ou à la grande charrue.

Il y a deux manières de planter à la charrue:
ou à la grande charrue, ou à la charrue Bonnet
dite le défonceur.

Avec la grande charrue on attèle six chevaux,
on prend 1 mètre 50 cent. de largeur, et l'on
passe 5 fois pour défoncer le sol ; aux deux premières raies on arrive à peine à 30 ou 35 centimètres de profondeur, les deux autres à 40 cent.
et la dernière facilement à 50 centimètres de
profondeur. On a le soin, avant de cheviller le
plant, de faire suivre par un homme le fossé
ainsi préparé, et partout où la charrue n'a pas
fonctionné d'une manière régulière, il y remé-
die avec la pioche. Ensuite on fait tirer un
cordeau et l'on plante à la cheville les provins à
75 centimètres de distance, les uns des autres.

Dès que cette opération est terminée, une
charrue attelée de deux chevaux l'un devant
l'autre, rejette de chaque côté la terre, et

chausse ainsi les provins ; un homme avec une
large pioche, dite cissade, donne le dernier
coup de main à ce travail qui est le plus productif et le moins coûteux.

Avec la charrue Bonnet le procédé diffère,
on prend également 1 mètre 50 cent. de largeur
pour l'encaissement de la vigne, une charrue à
deux colliers passe la première et creuse environ
25 centimètres ; la charrue Bonnet à quatre
colliers vient après, passant dans la même raie,
et creusant encore quelquefois 15, 20, 25 cent.
suivant la résistance du sous-sol. Le fossé étant
ainsi préparé, l'on opère, pour la plantation des
provins, de la même manière que ci-dessus.

Le mode de plantation à fossés ouverts est le
meilleur ; mais il est le plus coûteux, de ces trois
manières de planter. Il revient, règle générale,
et terme moyen, à 15 centimes le mètre et le
plant à 12 centimes.

Le pousse-avant est moins coûteux, il revient
à 6 centimes et le plant à 5 ; à la charrue le
plant revient à 2 centimes.

Il est des propriétaires, qui, avant de planter la

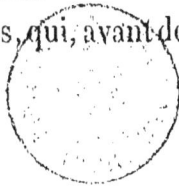

vigne, font défoncer leur terrain en plein à 50 centimètres de profondeur. Ce système de plantation est le meilleur, mais il est énormément coûteux, c'est presque du luxe.

Les terrains légers et sablonneux reçoivent bien la Clairette, l'Uni noir et blanc, le Braquet et le Languedocien.

Le procédé de mettre les plants avec le cordeau, vaut bien mieux que de les faire placer par des hommes à fur et à mesure qu'ils plantent, par les raisons que voici :

1° Il y a une grande économie de temps et partant de frais. Quiconque a fait planter, a dû remarquer le temps précieux que perdent les journaliers pour tailler le plant, le redresser et surtout l'aligner, et puis, peine inutile, la première pluie détruit cet alignement si coûteux. J'ai remarqué, sans crainte d'exagération que les journaliers perdaient le quart de leur travail à cette opération ;

2° Vous avez la certitude que vos plants sont tous mis à la profondeur voulue et que vous avez désignée ;

3° Que ces plants ne sont ni éborgnés, ni courbés, ni brisés (assarma).

Le plant ne doit être jamais à plus de 40 centimètres de profondeur dans les terrains ordinaires et légers, et dans les terrains à sous-sol aqueux à plus de 30 centimètres et toujours à 75 centimètres les uns des autres.

Deux hommes et une femme, ayant tant soit peu la main faite à ce genre de travail, chevillent 2,500 à 2,700 plants par jour.

Je n'ai pas crû devoir parler des plantations sur deux rangs, ce système étant généralement condamné et abandonné avec juste raison.

En effet une filagne sur deux rangs, coûte trois fois plus pour sa plantation, prend le double de terrain, coûte deux fois plus pour la piocher, et son rendement n'est pas supérieur à celui des filagnes simples ou sur un seul rang de vigne. Je possède deux parcelles, d'une contenance égale, la nature du sol est la même, elles sont rapprochées l'une de l'autre ; l'une est plantée sur deux rangs, et les travaux qu'exige la vigne s'élèvent régulièrement et chaque année

à 8 journées de taille et 13 journées pour la
piocher, ou 21 journées à 2 fr. 50
la journée. . . . . 52 fr. 50 c.

L'autre est plantée sur un seul
rang et n'exige que 4 journées de
taille et 6 journées de piochage, ou
10 journées à 2 fr. 50. 25   »

DIFFÉRENCE . . . . 27 fr. 50 c.

Quant au rendement en vin, il est à peu près
semblable. Comme on le voit, cette vigne plantée sur un hectare permet d'économiser 27 fr.
50 cent. sur les travaux, et prend ensuite trois
fois moins de terrain.

ÉPOQUE DE LA PLANTATION DE LA VIGNE.

On doit planter la vigne savoir : dans les terrains secs, rocailleux, schisteux et de grès, dès
le mois de décembre jusqu'à la fin de février.

Dans les terrains compactes, argileux et
tenaces, on doit préparer les fossés de la vigne,
ou à fossés ouverts ou au pousse-avant, à partir du mois de décembre, et ne mettre les plants
que dans la dernière quinzaine de mars.

Dans les terrains sablonneux depuis février jusqu'en avril, et dans les sables où l'eau séjourne ne cheviller le plant que dans la seconde quinzaine d'avril.

Dans les terrains humides et réellement aqueux, en avril, et même on peut encore mettre le plant avec fruit dans la première quinzaine de mai.

On doit planter les provins hâtifs dans les terrains froids, exposés au vent et à une température régulière ; et éviter de les planter dans des terrains chauds ou demi-chauds et à température variable ; dans ces terrains, presque chaque année, le froid les atteint et les brûle. Je cite à l'appui de cette assertion un fait qui m'est personnel : Je fis planter, il y a environ 8 ans, deux terres, l'une froide exposée à tous les vents, et l'autre d'une température variable, presque chaude. Dans cette dernière, pendant 4 ans consécutifs, le froid m'a toujours brûlé la vigne qui se compose de Languedociens ; tandis que dans l'autre, pas une seule vigne qui est de la même espèce n'a été atteinte. J'ai

planté sans réflexion, m'en rapportant au dire
de mes travailleurs, et j'en supporte les conséquences; je n'avais pas remarqué qu'à la hâtivité
du plant, je joignais la hâtivité du sol et de
l'exposition.

TAILLE DE LA VIGNE JEUNE ET VIEILLE.

La vigne peut se tailler depuis le commencement de décembre jusqu'en mars.

Les tailleurs de vigne, se servent dans nos
contrées généralement de la serpe ; il vaudrait
beaucoup mieux qu'ils prissent l'habitude des
ciseaux à deux mains. L'homme qui sait manier
cet instrument fait plus de travail et le fait
mieux, il n'emporte et ne fend jamais le jet
(aparoun) ; il enlève plus facilement le gros bois
et surtout le bois mort.

Faut-il ou ne faut-il pas tailler la vigne la
première année de sa plantation ? Je suis sans
hésiter pour l'affirmative. En effet, vous plantez
des mûriers, des arbres fruitiers, etc. etc., avec
de nombreuses racines, et la première année
vous les taillez pour les soulager et leur donner

plus de vigueur ; pourquoi voudriez-vous que le provin que vous avez planté sans racine n'exigeât pas la même culture ? Pourquoi lui laisser une foule de tiges et de pousses, qui, à coup sûr le fatiguent et le retardent? Pour mon compte j'ai toujours taillé mes plants la première année ; je suis très satisfait de ce procédé, j'engage les agriculteurs à le suivre, et, à coup sûr, leurs plants produiront plus tôt que les autres.

Olivier de Serres, M. de Villeneuve dans son *Manuel*, M. Pellicot dans son *Calendrier Provençal*, sont de cet avis. Voici comment s'exprime M. Pellicot à ce sujet : « Sans doute les « racines de la vigne ne s'en développent pas « moins, qu'elle soit taillée ou non, mais dans « ce dernier cas la taille de la troisième année « sera plus fatiguante parce que la suppression « du bois sera plus grande, par suite la vigne « sera en rapport une année plus tard, et les « premières pousses seront plus facilement « abattues par les vents. »

La première année on doit la tailler au borgne.

La deuxième on laisse un œil, et quelquefois

deux tiges qui doivent être les tiges-mère de la vigne.

A la troisième année on laisse deux têtes ou trois, suivant la force et le départ des tiges de la vigne, en laissant aussi à ces têtes deux yeux, c'est-à-dire, le premier dit agacin et un autre.

A la quatrième année, vous laissez trois yeux à chaque tête (l'agacin) et deux autres.

Tout le monde sait que dans la taille de la vigne on supprime le bois vieux pour tailler sur le nouveau.

Il faut autant que possible faire élever les vignes sur trois jets ou têtes, formant une espèce de triangle, vulgairement appélé *lou pé de sello*; à mesure qu'elles grandissent, il serait absurde de vouloir toujours les astreindre à ces trois têtes. Le tailleur de vigne, suivant la force de ladite vigne, doit en laisser quatre, quelquefois cinq, tout comme il peut être obligé de la réduire à deux.

Il est hors de doute que lorsqu'une vigne est vigoureuse, trois jets ou têtes, représentant six sarments, ne sont pas suffisants pour recevoir toute la sève de cette vigne (car il ne faut pas compter l'œilleton ou agacin). Celui-là, est en réserve et ne pousse que lorsque les autres yeux des sarments ne végètent pas ; cette vigne alors tend à dépenser sa surabondance de sève, par la naissance de jets gourmands, qui ne portent aucun fruit ; tandis qu'une tête ou deux de plus suffisent pour recevoir cette sève qui se trouve ainsi parfaitement utilisée.

D'un autre côté si la vigne est chétive, malingre, rabougrie, en un mot, il ne faut lui laisser que deux têtes, qu'elle peut bien nourrir; autrement on l'épuiserait, et il est des cas où on ne doit la tailler que sur l'agacin et un seul œil.

Il est des plants qui vrais saules pleureurs rampent toujours sur le sol ; ce sont les Unis blancs et noirs. Il faut en les taillant ne laisser que les ceps verticaux pour que la vigne s'élève aussi rapidement que possible.

D'autres ne font des raisins qu'en leur laissant un long sarment (outre leurs 3 ou 4 têtes) qu'on coupe légèrement au bout pour le désigner aux piocheurs, qui le laisseront alors. Ces

3

espèces sont les Courbons, les Aragnans et les Couloumbaou.

Lei Courbon, lei Aragnan et lei Couloumbaou.
Disoun
Fouyé-mi ben, poudi mi maou.

Évitez avec soin de couper les sarments à mitige dit (espaso), évitez aussi de laisser deux sarments l'un à côté de l'autre dits (oreille de lebré) ; cette taille vicieuse dépare la vigne et l'épuise à coup sûr.

Le Languedocien, l'Uni et le Pecouit touart ou Braqué étant hâtifs, ne doivent se tailler qu'en dernier lieu, c'est-à-dire, au commencement de mars, et même plus tard, si faire se peut.

Le Morvède est moins précoce, et résiste mieux au froid, il peut se tailler dès le commencement de décembre. Il est bien reconnu que les plants ci-dessus sont les meilleurs, les plus précoces, les plus productifs, et donnent pour ainsi dire, l'abondance.

PROVINAGE.

Après trois ans de plantation et quelquefois quatre, on doit remplacer les plants qui n'ont

pas pris, et on parvient à ce résultat en provi-
gnant, c'est-à-dire, en faisant les *cabus*. Cette
opération se pratique de la manière suivante :
on défonce jusqu'au talon la vigne qui a été
choisie, on la courbe dans le trou ou fossé qui
a été ouvert, on laisse sortir deux de ses sarments à la distance de 75 centimètres l'un de
l'autre; taillés à deux yeux, dans la direction
de celles qui forment la filagne ; puis on recouvre de nouveau cette vigne ainsi courbée (cabas-
sado) avec la terre qui a été soulevée.

Cette opération doit avoir lieu dans les terrains secs, rocailleux, dans le courant de
l'hiver, et dans les terrains compactes et humides à la fin mars ou au commencement
d'avril.

On provigne encore en faisant le courbage
d'un seul sarment partant du milieu d'une
vigne. Cette opération appelée (faire des gour-
boyo) est plus facile, plus rapide que la première,
mais elle est loin d'en offrir les avantages. On
peut cependant faire le courbage avec utilité
dans les terrains rocailleux, de grès dur, là en

un mot où la résistance du sous-sol est telle, que la vigne ne prend que difficilement.

Quant une vigne est en plein rapport et vigoureuse on peut laisser un sarment, qu'un homme en piochant courbe et enfouit dans la terre et dans la filagne, à 25 centimètres de profondeur, en lui laissant trois yeux. Ce sarment qui s'appelle un chevelu (barbé), prend racines, donne trois ou quatre beaux raisins. L'année suivante on l'arrache et il sert à remplacer les provins qui n'ont pas poussé dans une plantation récente ou de l'année.

LES LABOURS DE LA VIGNE.

On peut commencer à labourer la vigne dès le mois de décembre, plus elle recevra de labours, plus elle donnera de beaux résultats; car des labours fréquents et profonds facilitent le développement et la végétation des vignes plus que la pioche; il est certain que les racines la deuxième année de leur plantation, quittent leurs caisses et tracent dans le sillon pour prendre leur nourriture. On comprend dès lors tout l'avantage que procurent à la vigne de bons et fréquents labours.

Il ne faut jamais semer en plein les couloirs d'une vigne ; il ne faut les semer qu'un autre non, et là où le terrain est de médiocre qualité on doit cesser sans hésitation, tout ensemencement.

Il faut mettre, autant que faire se peut, du fumier ou du tourteau, en semant les couloirs, le blé le reconnaît bien et la vigne vous témoigne sa gratitude, en vous donnant de beaux et magnifiques raisins.

En juin et en juillet, époque où les pousses des vignes sont très développées, on doit aux dernières raies, c'est-à-dire, lorsque l'on s'approche de la filagne avec la charrue, atteler les chevaux l'un devant l'autre, et un seul cheval pour finir ce travail à la petite charrue. On évitera par cette précaution d'emporter mal à propos, des sarmens presque toujours chargés de fruits.

PIOCHAGE DE LA VIGNE.

Dès que la vigne est taillée, on la fait immédiatement déchausser ; cette opération se fait à la charrue, en attelant deux bêtes, l'une devant l'autre, et en passant une fois de chaque côté de la vigne ; on ne laisse ainsi qu'un coup de bêche, et un homme vous pioche alors facilement mille plants par jour.

L'homme qui pioche doit en la défonçant égaliser rapidement la terre, déchausser, et chausser de nouveau la vigne, arracher soigneusement les racines qui sont presque sur terre, dites barbes, couper les tiges gourmandes qui viennent du bas de la vigne, que le tailleur à quelquefois oublié ou n'a pas coupé ; détruire autant que possible, le chien-dent et autres plantes voraces ; qui s'insinuent et se développent rapidement dans les filagnes.

Une vigne jeune jusqu'à l'âge de 4 ans exige impérieusement le binage (menca) ; cette opération se fait très rapidement ; il ne s'agit que de remuer légèrement le sol pour entretenir la fraîcheur, et que d'arracher les quelques mauvaises herbes qui ont pu pousser dans la filagne.

Dans certains pays vinicoles de la Provence, on a la bonne habitude de supprimer les tiges inutiles et ne portant aucun fruit (subenca), cette opération que des femmes ayant tant soit peu le coup d'œil juste et la main exercée, exécutent, ne peut donner que des résultats heureux. Par la suppression de ces tiges inutiles, prenant une partie de la sève au détriment des sarments à fruits, on force cette sève à se porter sur le bois productif qui fournit alors un raisin plus gros et mieux nourri, et la vigne est débarrassée d'un membre inutile et rongeur.

Des labours fréquents et donnés à propos, une taille rationnelle et intelligente, un piochage fait en temps convenable et bien fait, quelque peu d'engrais, feront prospérer la vigne n'importe le terrain sur lequel elle sera radiquée.

VENDANGES ET DÉCUVAGE.

L'opération des vendanges, commence dans nos contrées aux premiers jours de septembre et finit dès les premiers jours d'octobre. On emploie généralement des femmes pour cueillir les raisins : j'ai reconnu qu'elles en coupaient chaque jour et par femme 400 kilogrammes environ.

Il est inutile de dire que l'on doit vendanger les vignes où le fruit est le plus mûr ; et les plus vigoureuses, les dernières.

Faut-il ou ne faut-il pas épamprer la vigne ? Cette question divise l'opinion des propriétaires vinicoles, et est l'objet de nombreuses controverses. Sans entrer dans une longue dissertation à ce sujet, je me bornerai à dire que pour mon compte je n'hésite pas depuis longues années à épamprer mes vignes vigoureuses, et à sarmens couverts de nombreuses et larges feuilles. Voici le système que je suis.

Quinze jours avant la maturité des raisins, deux ou trois femmes épamprent légèrement la vigne, de manière à ce que le soleil puisse arriver jusqu'au fruit par un point quelconque. On évite par là ces coups de soleil qui quelquefois vous dessècheraient une partie du raisin qui n'est

nullement habitué à recevoir cette chaleur tropicale et continuelle.

Huit jours après cette première opération,
ces femmes épamprent de nouveau, mettent
complètement à nu le raisin qui a été ainsi préparé, peu à peu, à bien résister au soleil, à
recevoir alors toute son action fécondante, c'est-
à-dire, à l'amener à sa maturité naturelle et
réelle. Cette maturité lui donne la partie alcoolique et sucrée, développe son bouquet, et
enlève sa verdeur qui n'est pas autre chose que
le principe malique qui souvent transforme nos
vins en vinaigre.

On ne doit pas reculer devant ce travail qui
se fait très rapidement, n'exige qu'une dépense
presque insignifiante, facilite l'opération de la
vendange et dont les résultats ne peuvent être
qu'heureux et satisfaisants.

Au fur et à mesure que le raisin est coupé,
on le met dans des cornues, et pour bien remplir ces cornues, et pour qu'elles ne regorgent
pas le liquide (sumousta) il faut la première fois
qu'on les tasse, avoir le soin de ne pas les tasser

jusqu'au fond, laisser en quelque sorte un vide de 12 ou 15 centimètres ; des charrettes transportent ces cornues ainsi remplies à la cuve ; on les dépose dans de grands cuviers, vulgairement appelés (caoucadouiro); et là après avoir foulé, broyé avec les pieds le raisin, on le fait tomber dans la cuve où il reste environ huit jours.

Ensuite on soutire le liquide, qui par l'ébullition s'est métamorphosé en vin, et on le met dans des tonneaux qu'on a eu le soin de tenir prêts pour le recevoir ; il faut avoir le soin de ne pas les remplir jusqu'à la bonde, mais de manière à ce qu'ils puissent recevoir encore deux ou trois barils de vin du pressoir.

Il est d'un bon système d'user, en décuvant, du procédé suivant : les premiers raisins cueillis et mis en cuve, proviennent toujours des terrains maigres et les mieux abrités, ils sont partant plus sucrés, plus alcooliques, plus parfumés, en un mot les meilleurs. Vous avez le soin en soutirant le vin des cuves, d'y laisser toute la grappe qui en est encore fortement im-

prégnée ; vous les remplissez ensuite , de nouveau , avec les raisins provenant des terrains ,
gras, fertiles, d'un produit plus abondant, mais
généralement moins sucrés, moins savoureux ,
et souvent moins mûrs. Le mélange alors suffit
pour corriger les défauts de ces derniers raisins
et vous avez des vins qui ne diffèrent pas ou
presque pas des premiers.

Quelques poignées de plâtre blanc , (et non
le plâtre gris) jetées sur les raisins déposés dans
les *caucadouiro*, ne sauraient porter le moindre
préjudice aux vins. Au contraire le plâtre blanc
facilite son dépouillement et augmente légèrement sa force.

Il est des propriétaires qui se servent du gros
sel mis en petite quantité.

D'autres mettent de la colombine ; ce dernier
emploi doit être repoussé par les deux motifs
suivants : 1° La colombine est une matière pu-
tréfiée et en putréfaction, et elle ne peut dès lors
qu'agrandir son cercle de putréfaction sur les
matières qui la reçoivent ; 2° ensuite cette
boisson devient repoussante à boire pour tous

ceux qui connaissent la matière qu'on vient d'y introduire; la colombine quoique provenant des pigeons n'en est pas moins de... fumier.

La grappe ou marc est soumise ensuite au pressoir et le vin qui en découle doit être reparti un peu dans chaque tonneau; ce vin donne alors à l'autre, une couleur plus foncée, que recherchent depuis quelque temps les acheteurs.

On ne doit boucher les tonneaux que lorque le vin à tout-à-fait fini son ébullition. L'ébullition dure quelque temps, il faut avoir le soin tous les 4 ou 5 jours de remédier à l'absortion et à l'évaporation du liquide qui en provient, et le remplacer de nouveau par quelques litres de vin; et une fois cette ébullition finie, on emplit bien le tonneau et on le bouche hermétiquement.

Un quintal ou 40 kilogrammes de raisin produisent habituellement de 29 à 30 litres de vin.

Une fois que le raisin a été soumis au pressoir il ne reste plus que le résidu ou marc; ce marc se vend alors aux distillateurs, qui en retirent encore un produit assez avantageux : il est grand nombre de propriétaires et de fermiers qui ont pris l'habitude d'en faire la piquette vulgairement appelée *trempo*. Voici le procédé pour obtenir cette piquette ; à mesure que le marc est pressé, vous avez le soin de le mettre immédiatement dans des cornues, et dès que la cuve est vidée, on s'empresse d'y remettre ce marc ; un homme y descend alors, brise les mottes et ameublit bien le marc ; immédiatement après vous mettez de l'eau jusqu'à ce qu'elle recouvre légèrement ce marc ; vous bouchez hermétiquement votre cuve et deux jours après votre piquette peut se boire. J'engage vivement les propriétaires et les fermiers à faire cette piquette, s'ils ne la font déjà, qui est très agréable à boire et d'une économie fabuleuse.

Il est des propriétaires qui ne craignent pas chaque année, qu'il pleuve ou non, de mettre dans leurs cuves une grande quantité d'eau, prétendant que l'ébullition absorbe par l'évaporation cette eau ; ils ont deux fois tort : ils trompent l'acheteur et se mettent partant sous le coup de la loi, ils risquent de gâter leurs vins, si la vente en était retardée.

Une année de sécheresse, alors que les raisins n'ont presque pas reçu d'eau, il est permis, il est même nécessaire d'ajouter au vin qui va bouillir, une légère quantité d'eau. On sait généralement que le vin se compose de plusieurs parties qui lui sont absolument nécessaires. La partie sucrée, la partie alcoolique et la partie aqueuse ; ces parties doivent être en proportion relative pour faire ce qu'on appelle un bon vin livrable au commerce ou à la consommation personnelle. Et si la partie aqueuse manquait en trop grande quantité, le vin à coup sûr, tendrait à aigrir, ou à tourner.

Un vin qui reste chargé et ne veut pas se dépouiller se clarifie avec le lait, en en mettant un litre par hectolitre, et en ayant soin, dès qu'on a versé le lait dans le tonneau, de remuer avec un roseau ou avec un bâton pendant quelque temps le vin, on le soutire 48 heures après ; il est rare que par ce procédé si simple le dépouillement ne soit pas complet.

Si le vin tend à tourner ou à aigrir, mettez immédiatement dans votre tonneau, trois hectogrammes de chaux vive par hectolitre, remuez comme dessus, continuez à boire votre vin, *sans le changer de tonneau*, il reprend 48 heures après sont goût primitif.

Dès que vous avez fait laver vos tonneaux, séchez-les avec une légère couche de plâtre blanc que l'on répand en tout sens dans les tonneaux. Ce plâtre blanc absorbe l'eau, bouche en même temps les cavités ou trous que peut contenir l'intérieur du tonneau et augmente la force du vin.

La manière dont se fait la récolte des raisins et la manipulation du vin en Provence, laissent à désirer. Il y a, à coup sûr, beaucoup à faire encore, et d'importantes améliorations pourront être introduites. Le vin est, en quelque sorte, chez nous, à l'état d'enfance. En effet, reportons-nous à quelques années en arrière, et voyons ce qu'était la Provence, seulement en ce qui à trait à la vigne; on rencontrait à des distances très éloignées, quelques plantations de

vignes, rares et isolées, il y avait partant peu
de vin, et les vins étaient délaissés ou vendus à
des prix bien bas, et nos pères pour nous décou-
rager de planter avaient souvent cet adage fatal
à la bouche :

Qui veut planter et bâtir
Doit avoir l'argent à son plaisir.

L'oïdium qui a désolé certaines provinces
vinicoles, et une partie de la Provence, et surtout de l'Italie, les débouchés nouveaux, la
consommation qui va toujours croissant et les
chemins de fer, ont donné aux vins une valeur
qu'il était difficile de prévoir.

En face de ces hauts prix, riches et pauvres
se sont hâtés de sillonner leurs terrains par des
filagnes de vignes, on a cherché les plants les
plus productifs et surtout les plus hâtifs, pour
avoir encore sa part de la hausse ; en un mot, on
n'a voulu que la quantité, négligeant la qualité ;
voilà pourquoi nous n'avons pour le moment
que le *gros bleu*, qui convient parfaitement au
commerce, à l'ouvrier et à l'homme qui dépense

par le travail beaucoup de force, mais qui flatte
fort peu le gosier des vrais amateurs.

Mais aujourd'hui que la quantité est obtenue,
que les propriétaires ayant encore des terrains
au sol maigre mais bien abrité, bien exposé,
fassent un choix des meilleurs plants que fournit la Provence, et les mettent dans ces terrains;
qu'ils substituent au besoin, par la greffe, dans
les vignes vieilles radiquées sur ces sols, les plants
en question; qu'ils laissent mûrir les raisins;
qu'ils apportent toute amélioration qu'ils juge-
ront convenable et que leur suggèreront la pratique et l'intelligence, sans nul doute ils auront
du vin de première qualité qui acquerra une
juste renommée.

Le sol de la Provence demande à grands cris
la vigne (bramo la vigno). Son climat est doux et
bienfaisant, le soleil l'éclaire, la chauffe et la
fertilise aussi bien que la Gascogne, le Languedoc et le Dauphiné, ou toute autre province.
Pourquoi n'aurions-nous pas comme ces provinces des vins exquis et recherchés? Cela faisant
vous parviendrez à ne plus acheter à des prix

4

très élevés, une partie de ces vins aux noms pompeux et trompeurs, dont l'origine est douteuse et le bouquet presque toujours équivoque, et quelquefois falsifié.

A l'œuvre donc, propriétaires, et le résultat dépassera, à coup sûr, vos prévisions.

Les vins doivent être transvasés à la fin mars ou en avril, c'est-à-dire, un peu avant les chaleurs de l'été.

Tout propriétaire, qui se décide à faire une plantation importante, doit résolument et forcément se mettre à la tête de ses planteurs, il ne doit se fier ni à un contre-maître, ni à un homme d'affaires. Par sa seule présence, les travaux se feront mieux et plus vite, la plantation sera réellement faite d'après ses vues et ses idées, et à coup sûr, il économisera le quart de la dépense.

En résumé pour pouvoir espérer une bonne récolte de raisins et faire prospérer les vignes, il faut :

1° Planter dans les terrains gras et compactes, le Morvède ;

2° Dans les terrains ordinaires et légers, la Clairette, le Languedocien et l'Uni blanc et noir ;

3° Dans les terrains maigres et rocailleux, le Pécouit touart ou Braquet ;

4° Tailler les provins la première année de leur plantation ;

5° Tailler la vigne vieille convenablement et lui laisser des ceps ou têtes proportionnellement à sa force ;

6° Piocher une fois les vignes vieilles et jeunes, et biner (menca) au moins une fois les jeunes jusqu'à l'âge de 4 ans ;

7° Dans les terrains médiocres, renoncer à les semer et continuer à bien les labourer ;

8° Ne les semer qu'une filagne autre non, et jamais en plein ;

9° Leur donner des labours profonds et souvent répétés ;

10° Ne pas hésiter, quand on le peut, d'y aller souvent avec le tombereau regorgeant l'engrais.

Je termine l'article vigne, comme je l'ai com-

mencé, en disant à tous les propriétaires en
général, n'hésitez pas, n'hésitez pas à planter
la vigne partout où vous pourrez la planter.
Cette vigne vous donne et vous donnera encore
longtemps les plus beaux produits en agriculture ; elle sera une source abondante de richesse,
un Pactole qui roulera réellement l'or pendant
de longues années. Caton, à coup sûr, pré-
voyant l'importance que pourrait avoir la vigne
disait : « Si vous me demandez mon avis sur le
« meilleur bien de la campagne, voici ce que je
« pense : la vigne est le premier des biens ru-
« raux ; après elle, vient le jardin que l'on peut
« arroser. Et Horace, à son tour, conseillait à son
« ami Varus, de ne planter que de la vigne dans
« sa campagne de Tibur. »

Ces conseils ont été traduits par les vers suivants qui termineront mes observations sur la
vigne :

Ami, sur ces côteaux qu'éclaire un Ciel si doux
La vigne aux autres plants doit être préférée..
Les arbres les plus chers doivent s'éclipser tous
Devant cette plante sacrée.

CHAPITRE II.

—

L'olivier.

L'olivier est un des arbres les plus précieux que la nature ait donnés aux hommes ; c'est l'arbre, comme on sait, donnant l'huile d'olive, qui fut longtemps la seule connue. Les anciens avaient, pour cet arbre, une vénération bien grande et le plaçaient au premier rang dans la mythologie. On voit les Grecs professer pour lui un respect religieux, et les Romains ne pouvaient brûler son bois que sur l'autel des dieux. L'olivier, symbole de la gloire et des triomphes, était aussi l'emblême de la paix et de l'humilité. Cette vénération s'est propagée, presque sans interruption, jusqu'à nous. L'olivier a été le Benjamin de nos pères, l'arbre, en un mot, le plus recherché ; car, disait-on, il donne des boutons d'or ; mais il a été en partie détrôné par la vigne qui donne à son tour des grappes d'or, plus lour-

des, plus certaines que ces boutons, qui ne se
changent souvent, hélas! pas même en un
plomb vil, mais en bois d'une nullité désespérante. Cependant son produit n'en est pas moins
un des principaux de la Basse-Provence.

L'olivier prend par branches de sauvageon,
vient par semis et s'élève en pépinière. Celui qui
voudra planter des oliviers fera bien de ne
prendre que des sujets greffés, provenant des
dites pépinières.

On peut aussi planter des sauvageons; mais
ces sauvageons doivent être jeunes, vigoureux,
bien enracinés, aptes en un mot, à recevoir la
greffe l'année qui suit leur plantation.

Il est aussi des propriétaires qui tirent les
sujets, ou plants, des oliviers vieux et par éclats.
Il arrive souvent que la vétusté des plants, la
cicatrice qu'on leur fait, le peu de racines qu'ils
ont, une fois séparés des troncs, s'opposent à
une bonne réussite, et à une croissance convenable.

On doit repousser, sans hésitation, les sujets
trop vieux, décrépits et rachytiques, qu'une

parcimonie outrée et déplacée veut quelquefois employer. Ces sujets sont toujours, malgré la meilleure culture, d'une lenteur à croître déséspérante, ils font chaque année des pousses mycroscopiques, et font littéralement mal au cœur, à la vue et à la bouche.

Comme tout le monde sait, l'olivier est très lent à pousser comparativement aux autres arbres, et alors il est nécessaire de ne planter que des sujets vigoureux, de choix, bien enracinés, qui grandissent aussi vite que possible, et donnent au plus tôt une récolte quelconque.

L'olivier a comme la vigne et comme tous les arbres à fruits en général. La nature du terrain, l'exposition et les espèces viennent en aide à la quantité, à la qualité et surtout au rendement en huile.

Les oliviers plantés ou radiqués naturellement sur un sol maigre, mais bien exposé, donneront moins de fruits; mais la qualité de l'huile est supérieure, et le rendement en liquide est plus grand.

Ceux qui sont dans des terrains gras, fournissent la grosseur, la quantité; mais, mesure égale, ils ne donneront ni la qualité, ni le rendement proportionnel.

Les oliviers exposés au nord, donnent souvent la quantité de fruit, mais le produit en huile est encore plus inférieur à ceux des deux natures de terrain ci-dessus désignées. Il est reconnu d'une manière certaine, par la pratique et par les essais, que les olives de tel quartier d'une commune, produisent 2 litres par doubles décalitres; tandis que d'autres olives, de la même espèce, mais provenant d'un tout autre quartier, mal exposé ou trop fertile, ne produisent qu'un litre 1[2 par doubles décalitres.

Je ne crois pas inutile de désigner les espèces qui doivent être choisies et plantées de préférence dans chaque nature de terrain.

Dans le schiste, le grès et sur les côteaux calcaires, on doit planter le Caillou, ou plant d'Entrecasteaux, le Cailleton, le Rapuguet, le plant de Trans et le plant de Figanières.

Dans les terrains ordinaires, le plant de Figanières, celui de Callian, le Caillon, le Cailleton et le Bécut.

Dans les terrains gras, fertiles et surtout en plaine, le ribier de Lorgues, le ribier commun à Flayosc, Draguignan, Claviers etc. etc., le Caillé blanc, le Bécut et L'avelané.

S'il m'était permis de donner un conseil aux propriétaires d'oliviers depuis Flayosc jusqu'à Fayence, je leur dirais : « n'hésitez pas chaque année à métamorphoser, par la greffe, une partie de vos oliviers en Cailleton, en plant de Figanières et en plant d'Entrecasteaux. Les deux premières espèces vous donneront régulièrement la quantité, et la dernière, la qualité ; et vous obtiendrez ainsi des fruits en masse pour livrer à la vente, et une bonne huile de bouche pour votre table.

Règle générale l'olivier aime un terrain chaud bien abrité ; il vient sur tous les côteaux bien exposés au midi, ainsi que dans les plaines ; il vient même sur les côteaux exposés au nord, mais là les résultats sont moins heureux, et le fruit surtout donne moins de rendement en huile.

PLANTATION DE L'OLIVIER.

Pour planter un olivier on fait un trou ou fosse ayant 1 mètre 50 cent. carrés de largeur, et 50 centimètres de profondeur. On place l'olivier dans les terrains humides à 25 ou 30 centimètres de profondeur, et dans les terrains schisteux, de grès ou rocailleux, à 30 ou 35. On a le soin de faire retomber au fond de la fosse la première couche de terre, qui est toujours la plus fertile, et si on mélangeait cette couche de terre avec un engrais bien décomposé, on ne saurait nuire à la végétation de l'arbre.

Il faut mettre à l'eau pendant quelques heures, les racines de ces plants, les recouper légèrement avant de les placer, car souvent elles ont souffert par la transplantation, par l'action de l'air et du soleil.

Ne pas s'obstiner à vouloir laisser les tiges à feuilles intactes et dans toute leur longueur ; il faut les recouper, comme on le fait générale-

ment pour tous les autres arbres, à quelques
centimètres du point de départ de leur tige-mère.

TAILLE DES PLANTS JEUNES.

La première année, on coupe soigneusement
tous les regains qui ont pu pousser sur la tige-
mère, et on a le soin de faire élancer l'arbre sur
4 ou 5 rameaux. La deuxième année, on ne
laissera plus que 3 rameaux. La troisième, ou
quatrième année, on arrêtera ces rameaux qui
deviendront à leur tour tiges-mères, à 25 ou
30 centimètres de longueur, suivant la force du
plant, en leur laissant plusieurs petites tiges à
feuilles. Quelques années après, ces trois tiges
donneront naissance à six autres tiges qui, à leur
tour, donneront la circonférence à l'arbre, en
un mot le formeront.

Il faut, par cette taille, faire élargir autant
que possible le plant, le vider légèrement dans
l'intérieur, et faire élancer les tiges d'une manière aussi égale que possible. On obtient ce
dernier résultat en laissant à la tige trop vigou-

euse plus de branches à feuilles, et moins à elle qui a besoin de recouvrer la vigueur.

Quant un arbre, après deux ou trois ans de plantation, reste chétif par suite d'un coup de froid ou par une maladie quelconque, n'hésitez pas à le couper ras de terre, un peu au dessus de la greffe. Il jettera la première année des tiges vigoureuses et saines. Vous lui en laissez alors deux ou trois, suivant la vigueur de l'arbre; l'année d'après vous le réduisez à une ou à deux, et bientôt, par cette taille, il aura rejoint ses compagnons.

Nous possédons à Saint-Marcel (Thoronet) 400 pieds d'oliviers, ayant à peu près 9 ans de plantation. Il y a 3 ans, la neige resta, dans le courant du mois de février, 24 heures sur ces arbres, et ils en souffrirent; je les taillai moi-même en mars, et je crûs reconnaître l'effet du froid sur leur tige-mère. Le mal était peu apparent et je pensais qu'il n'aurait pas une gravité sérieuse. Je façonnai donc mes arbres comme s'ils n'avaient rien eu; trois mois après je vis que la sève n'arrivait pas aux tiges, mais, qu'au contraire, les oliviers atteints repoussaient par le bas. Je n'hésitai pas en février, à recouper ras de terre tous ceux qui avaient souffert, ou qui n'avaient pas été d'une végétation satisfaisante. Aujourd'hui, c'est-à-dire, trois ans après, ils ont atteint les autres en hauteur, et on ne les reconnaît qu'à cause de leur circonférence qui est moins étendue.

DE LA TAILLE DES OLIVIERS EN GÉNÉRAL ET DE LEUR ÉMONDAGE OU TRIAGE.

Avant de parler des espèces nombreuses d'oliviers qui recouvrent une partie du sol de la Provence, je vais dire quelques mots sur le mode de la taille généralement adoptée et appliquée.

Le mode d'étêter, de couronner ou de ravaler, s'applique à un olivier que l'on veut descendre, en enlevant à cet olivier toutes ses branches verticales et en laissant prolonger toutes les latérales ou horizontales, autant que possible; ainsi, par cette taille, l'arbre gagne en

circonférence, ce qu'il perd en hauteur. Cette
taille offre encore l'avantage de disséminer la
sève de l'arbre dans toutes les branches qui
restent, et de leur donner une nouvelle vigueur.

Cette taille doit être proportionnée à l'arbre,
à son espèce, à sa force, au climat et au sol.

Vous avez, dans chaque localité, des tailleurs d'oliviers (sécuraire) qui, vrais vandales,
ne savent que couper, que ravaler l'arbre, que
le besoin se fasse sentir ou non.

D'autres qui, prenant un clos d'oliviers pour
une haie à buis, vous les couronnent tous à la
même hauteur, les mettent au même niveau,
sans faire aucune distinction de la force, de
l'espèce de l'arbre, et, comme ils le disent ensuite, *l'aven passa la rando.* Cette taille peut
flatter le coup d'œil, mais, à coup sûr, elle est
pernicieuse, en ce sens que les arbres, n'étant
pas de la même espèce, n'ayant pas la même
force, exigent une culture différente.

Ces tailleurs font ainsi ce que ferait un cor-
donnier, qui s'obstinerait à vouloir chausser
toutes ses pratiques sur une seule et même

forme. Quelques-unes de ces pratiques seraient bien chaussées, d'autres seraient blessées par cette chaussure, d'autres enfin seraient obligées d'aller pieds nus. Il en est ainsi des oliviers, les uns peuvent prospérer par cette taille uniforme, d'autres resteront de longues années sans produire aucun fruit, et d'autres aussi se rabougriront, traîneront une existence maladive, finiront par mourir, ou par ne donner quelque produit qu'après une attente bien longue et bien dispendieuse. Il en est d'autres qui, en les couronnant, réduisent l'arbre, non seulement à quelques tiges à feuilles très rares, mais ne laissent que des piquets, vulgairement appelés (couguou). Il est facile de comprendre que cette mesure extrême ne doit avoir son application que dans des cas désespérés et lorsque l'arbre est tout à fait décrépit et sans vigueur.

Le triage ou émondage d'un olivier est la suite de la taille. Une fois l'arbre couronné, on doit trier soigneusement les branches latérales et à rameaux, et, deux ans après, renouveler de nouveau cette opération. Il est, à mon avis,

plus difficile de bien émonder un olivier que de
le couronner.

En effet, le triage est un travail assez long et
qui mérite une attention sérieuse de la part de
l'ouvrier, qui doit couper toutes les branches
qui s'entrelacent, se battent et se suffoquent ;
il ne doit laisser que celles que peut bien nourrir
la tige-mère, enlever les autres avec discernement, et aussi rapprochées que possible de cette
tige-mère, couper les jets gourmands, qui prennent trop de sève au détriment des autres. Ce
sont principalement des tiges verticales, d'un
vert éclatant, et les tiges à fruits sont surtout
celles qui sont recourbées et forment presque
une circonférence, dont le bois au lieu d'être
vert éclatant, est pour ainsi dire gris cendré.
Il doit aussi laisser l'arbre garni de feuilles sur
toutes ses faces, et ne pas former des vides ou
trous, qui déparent l'arbre, en rendent le coup
d'œil désagréable, et nuisent au produit ; il ne
doit pas non plus, sans discernement, trier toujours, trier jusqu'au haut de la tige et faire
ainsi de vrais balais ; il doit couper aussi les

brindilles mortes et les rameaux attaqués par les vers.

Dans les terrains fertiles et en plaine, il faut fortement vider dans l'intérieur les oliviers. Ce vide leur donne pendant quelque temps l'air, le soleil et la vie, en un mot; et il est vite comblé par les jets qui poussent de toutes parts, et y prennent leur place. Mais il faut éviter d'en agir ainsi à l'égard des oliviers qui se trouvent sur un terrain sec, de grès, de schiste ou de calcaire; là la végétation des arbres est plus lente et moins vigoureuse, et ce genre de triage peut leur nuire. Les chaleurs font gercer les cicatrices, brûlent la peau de l'arbre, et dessèchent plus promptement le sol, et l'olivier souffre pendant quelques années. On doit dans ces terrains ne les vider, ne les éclaircir à l'intérieur, que très légèrement.

Il est des agriculteurs plutôt théoriciens que praticiens, qui conseillent de trier chaque année les oliviers. Je ne partage pas leurs vues sur ce point. Sans entrer dans des considérations qui pourraient mener trop loin, je me contenterai

5

de dire, qu'un émondage fait tous les deux ans suffit à tous les oliviers en général, pour les tenir dans un état de propreté et de végétation irréprochables ; et que vouloir les émonder toutes les années, ce serait constituer une dépense inutile, sans but, et nuisible, en ce sens que le tailleur enlèverait des branches à fruit, que peut parfaitement nourrir l'arbre ainsi émondé tous les deux ans.

Il y a aussi des propriétaires d'oliviers qui ont la malheureuse habitude de tenir leurs arbres constamment bas et rampants, de manière à gêner gens et bêtes pour les travaux. Les travailleurs ne peuvent pas relever les bras pour les piocher, et le laboureur ne pouvant s'approcher avec la charrue du tronc de l'arbre, laisse ainsi un grand espace qu'il faut cultiver ensuite avec la pioche. Ne vaudrait-il pas mieux tailler ces branches presque à hauteur d'homme? Et cette taille rationnelle faciliterait et rendrait moins lourds les travaux que nécessitent les oliviers pour leurs labours et leur piochage.

Toutes les notions que je viens de donner, ne

sont que des préceptes généraux. L'agriculteur intelligent doit les appliquer à ses arbres suivant les espèces, le sol et le climat. Au fur et à mesure que je parlerai des espèces, j'aurai le soin de mentionner la taille et l'émondage qui leur convient.

Règle générale :

On doit couronner ou tailler le plant d'Entrecasteaux ou le Caillon tous les six ans au moins, et l'élaguer tous les deux ans.

Le Ribier ne veut être couronné qu'à de longs intervalles et avec circonspection, et exige le triage ou émondage tous les quatre ans.

Toutes les autres espèces se rapprochent, quant à la taille et à l'émondage, de ces deux espèces.

La taille doit avoir lieu, autant que faire se peut, en février et en mars, et l'émondage peut se faire avec fruit durant le mois d'avril.

ESPÈCES D'OLIVIERS.

La variété des espèces d'oliviers est des plus nombreuses. M. Bombard, dans son *Abrégé*,

était parvenu à en compter cent onze. Je me
contenterai de désigner les principales, celles
surtout qui donnant réellement un beau et bon
fruit, donnent en même temps la quantité et la
qualité de l'huile, ce sont :

Le plant d'Entrecasteaux ou Caillon, le Béout,
le plant de Figanières, de Callian, le Cailleton,
le Ribier commun à Flayosc jusqu'à Fayence,
le Caillé, le Rimé, le Ribier de Lorgues.

Le plant d'Entrecasteaux ou Caillon veut tous
les six ans être rudement taillé ; on prétend
qu'il dit à son maître : Fais-moi pauvre et je te
ferai riche ; en d'autres termes, cet olivier
n'apporte des fruits que sur bois jeune ou nouveau, et dès lors on ne doit rien négliger pour
lui en procurer, et une taille vigoureuse amène
ce résultat.

Comme cet arbre se couvre facilement, qu'il
pousse de nombreux jets, qu'il refait avec la
plus grande facilité son bois, un élagage tous
les deux ans lui est indispensable.

L'huile provenant des olives de cet arbre est
fine, fruitée et douce ; détritée séparément elle

se vend dans nos contrées pour l'huile d'Aix.
Cette olive est toujours cueillie verte ou ayant
une légère teinte rose, c'est peut être là une des
causes de la fécondité du Caillon qui ne s'épuise
pas ainsi à nourrir jusqu'à leur parfaite maturité
des fruits souvent très abondants.

Le plant est très agreste, il vient littéralement dans tous les terrains de la Basse-Provence.

LE BÉCUT.

Le Bécut serait, sans contredit, le meilleur
de tous les oliviers, s'il n'était d'un entretien
difficile et coûteux, s'il ne fallait presque chaque
année l'émonder. Il demande aussi tous les six
ans une taille rigoureuse, à peu près semblable
à celle du Caillon. Il donne beaucoup d'olives
qui ne sont qu'huile et d'une saveur délicieuse.

L'olive, comme celle du Caillon, est cueillie
avant sa maturité, ayant la couleur rose.

Ce plant vient bien sur tous les terrains,
mais il réussit mieux dans les terrains gras, la
vigueur de sa végétation lui fait perdre alors
son penchant à la malpropreté.

LE PLANT DE FIGANIÈRES.

Le plant de Figanières est un olivier à tiges retombantes, ressemblant tout-à-fait à un saule pleureur. Il est très difficile à faire remonter, et on doit presque l'accepter tel qu'il se fait, en se contentant de couper les branches trop rampantes et trop basses. On ne fait que l'émonder tous les deux ans, et arrêter les tiges supérieures qui dépassent trop les autres. Le bois de cet arbre est le plus tendre, le plus doux, on l'émonde, en quelque sorte, sans instrument tranchant. C'est l'arbre qui donne la récolte la plus abondante en quantité, mais non en qualité. L'olive est grosse, ne devient jamais noire et conserve la couleur rose.

Ce plant réussit généralement partout, mais il donne des résultats bien supérieurs depuis Flayosc jusqu'à Fayence.

LE CAILLETON.

Le Cailleton est le rival du plant de Figanières, on les voit souvent, côte à côte, rivalisant de zèle , et de bonne volonté , pour se charger de fruits et donner une abondante récolte.

Ces deux plants chargés d'olives font réellement plaisir à voir.

L'olive du Cailleton est petite, elle ressemble presque à celle du Caillon ; l'huile qui en provient n'est pas désagréable , seulement le fruit est quelquefois surpris par le froid.

Le Cailleton se contente d'un terrain maigre, exige tous les six ans une taille rigoureuse , et tous les deux ans un émondage qui est plus ou moins sévère.

LE RIBIER DE FLAYOSC, DE CALLAS, ETC. ETC.

Le ribier de Flayosc atteint des proportions assez élevées, il aime un terrain gras et fertile , veut être sévèrement couronné tous les six ans, il reste environ deux ans pour porter des fruits. Après ce laps de temps on peut compter, presque d'une manière certaine, sur de bonnes récoltes. Un émondage léger lui suffit tous les deux ans. Cet arbre quoique très grand , ne fait pas un fruit en proportion de sa taille.

LE CAILLÉ BLANC.

Cette espèce domine dans le terrain de Draguignan, l'olive est grosse et l'huile est de bonne qualité, mais souvent elle est attaquée par le ver, et par une certaine maladie dite la *jaunisse* (mérade). Cet arbre veut être taillé tous les huit ans et émondé tous les quatre ans.

LE RIBIER DE LORGUES.

Le ribier de Lorgues étant le plus grand de tous les oliviers, doit nécessairement donner le plus gros fruit.

Il est gourmand par excellence, et ne donne de bons résultats que dans les terrains gras et profonds; il est l'opposé du plant d'Entrecasteaux, et ne porte les fruits que sur bois vieux. Aussi ne doit-on le couronner qu'avec la plus grande circonspection, et se contenter, autant que faire se peut, de l'émonder. Son olive quoique grosse fait une huile qui conserve avec le temps, la couleur d'or, le goût du fruit, mieux que le plant d'Entrecasteaux.

Il y a deux espèces de ribier, la grosse olive, et la petite. Le plant qui produit cette dernière est plus agreste et moins gourmand, tandis que le plant de la grosse ne prospère que dans un terrain essentiellement gras, et, si on a ce plant dans un terrain médiocre, on ne doit pas hésiter à le greffer.

LE RAPUGUET.

Le Rapuguet est un plant très agreste et vient bien partout, et partout il donne des fruits abondants, qui viennent par grappes, et c'est de la qu'il tire son nom. Couronnez-le, ne faites que l'émonder ; il est toujours satisfait, et il vous le prouve en vous donnant une bonne récolte. Seulement l'huile en provenant est assez ordinaire ; et son olive ressemble à celle du Cailleton, qui est presque son semblable.

Il paraîtrait cependant, d'après ce que dit M. Pellicot dans son *Calendrier*, que le Rapuguet du côté de Toulon donnerait un fruit souvent piqué par le ver et desséché, par suite, en partie, par les chaleurs.

LE RIMET.

Le Rimet est un arbre très portatif, il aime un terrain gras et atteint alors une certaine hauteur. Ses olives sont petites, et il exige la même taille que le Cailleton, seulement il faut respecter, autant que faire se peut, ses tiges basses qui se chargent, de préférence, de beaucoup de fruits.

Je ne veux pas terminer cet article agricole sans dire un mot du mode nouveau que certains tailleurs d'oliviers appliquent au ribier de Lorgues. Ils le taillent, que le besoin se fasse sentir ou non, comme un vrai plant d'Entrecasteaux, et puis ils admirent leur œuvre. Ils ne comprennent pas que cette taille est vicieuse, pernicieuse et funeste. Que veulent-ils obtenir par ce procédé? Le Ribier n'a pas comme le Caillon, il ne porte au contraire ses fruits que sur bois vieux, et bien vieux; les jets nouveaux, improductifs pour longtemps, prennent, deux ans après, au moins autant de sève que les branches qu'on lui a ôtées, dès lors cette sève

ne sert pas à nourrir exclusivement les branches
qui sont restées intactes ; le Ribier d'un autre
côté n'exige, règle générale, qu'un émondage
tous les quatre ans, et vous êtes alors, par cette
taille, obligé à l'élaguer tous les deux ans. Quel
est donc le résultat heureux ? C'est pour moi un
vrai problème, et je n'y vois qu'un contre-sens
en agriculture.

En effet, on a bénévolement ravalé un arbre
à magnifique couronne, qui bravait les froids,
on l'a diminué de moitié, et il ne vous donne
partant que la moitié du produit, cela pendant
huit ans au moins et après ce long laps de temps
vous aurez encore, peut être, un arbre semblable. Vous avez sciemment, volontairement fait
rétrograder un arbre pendant huit grosses
années, sans motif, sans raison et pour le seul
plaisir de couper, de niveler à tout propos.

Propriétaires chez qui ce genre de taille est
appliqué, réfléchissez sur ce que je viens de
vous dire ; et probablement vous ordonnerez
que l'application de cette culture inqualifiable
n'ait lieu qu'avec discernement et circonspection.

Le Ribier de Lorgues est aux autres oliviers, en quelque sorte, ce qu'est le chêne aux autres arbres. Que diriez-vous d'un agriculteur qui ravalerait, nivèlerait un grand et beau chêne pour obtenir plus de végétation, plus de produit? A coup sûr vous le qualifieriez d'une épithète peu parlementaire, et analogue à son travail destructeur et impie. Eh bien ! tailleurs d'oliviers, en ravalant le ribier, comme vous le faites, vous vous mettez dans le cas de mériter une qualification semblable et aussi peu flatteuse.

LES LABOURS ET LE PIOCHAGE DES OLIVIERS.

Les oliviers doivent recevoir un premier coup de charrue en janvier, le deuxième en mars et le troisième au commencement de juin. Il faut éviter ensuite de les labourer avec la grande sécheresse.

On doit les piocher en mars ou en avril ; en les piochant il faut enlever soigneusement les jets qui partent du tronc ou des racines mères et les petites racines presque sur terre, vulgairement appelées *barbes*.

Les plants jeunes doivent être piochés en
mars et binés ou (menca) dans la dernière
quinzaine de mai. Le piocheur, dans ces deux
façons, doit enlever chaque fois les regains que
projette le plant, et qui lui prennent une partie
de sa sève ; et, en les binant, il doit bien égaliser
et bien ameublir le sol , qui conservera alors la
plus grande partie de sa fraîcheur.

FUMURE DES OLIVIERS.

Quant on veut fumer un olivier, on ne doit
jamais mettre le fumier contre le tronc de l'arbre
et l'enfouir surtout au coup de la pioche. Il faut
former une circonférence autour de l'olivier,
creuser jusqu'aux racines mères, et mettre le
fumier sur ces racines et ensuite le recouvrir
avec la terre que l'on a soulevée, ce travail est
plus coûteux, il est vrai, mais il est meilleur et
de longue durée.

On doit savoir faire à propos, chaque année,
le sacrifice de quelques mesures de pezotes,
que vous jèterez assez drû, dans vos oliviers,
vers la fin septembre, vous les enfouissez à la

petite charrue à un collier, et puis en avril, vous enfouissez les tiges et les feuilles alors avec la charrue à 2 colliers. C'est un excellent engrais végétal, d'un coût qui n'est pas lourd, et qui convient parfaitement aux oliviers. Avec 5 d.-d. ou 20 fr. vous fumerez un hectare d'oliviers.

Dans les terrains secs, on ne doit employer qu'un engrais bien menu, bien décomposé.

Dans les terrains profonds et un peu humides, on doit employer un engrais gros, pailleux ou un végétal en demi-putréfaction.

Le tourteau est excellent pour fumer les oliviers, 4 kilog. par arbre suffisent, mais seulement il faut le mettre dans des terrains frais ou profonds. Le crin, les résidus des peaux, des os, sont aussi d'excellents engrais et de longue durée.

GREFFE DES OLIVIERS.

Les oliviers se greffent en février à la fente; et à la couronne ou à l'écusson, en avril et au commencement de mai; il ne faut pas attendre le mois de juin parce que le trop de sève et les chaleurs, s'opposeraient alors à une réussite heureuse.

L'olivier reçoit bien toutes les espèces que vous lui inculquez par les scions ou (broco), les meilleurs sont le Caillon, le Cailleton et le plant de Figanières.

Lorsque vous greffez un olivier à nombreuses tiges, il faut avoir le soin de laisser une branche ou deux de la grosseur du doigt pour recevoir la surabondance de la sève.

L'hiver suivant vous enlevez la ficelle qui serre vos greffes, vous les élaguez légèrement, vous coupez tous les regains que jette à coup sûr l'arbre greffé, et deux ans après, surtout si vous avez mis des scions ou (broco) de Caillon, vous pouvez compter sur une bonne demi récolte.

Je n'en dirai pas davantage sur la greffe, me proposant d'en parler plus en détail dans l'article horticulture et pépinières.

HUILE DE BOUCHE.

On a généralement pris l'habitude de vendre

les olives au lieu de les triturer ; le propriétaire et le fermier sont ainsi débarrassés des soucis et des dépenses du moulin à huile ; il deviendrait peut-être oiseux de parler de la manière dont s'obtient l'huile, et des soins qu'elle exige, pour qu'elle soit aussi abondante que possible et de bonne qualité ; cependant je ne crois pas inutile de donner très sommairement les procédés employés en général dans nos contrées, pour obtenir cette huile.

Pour avoir de la bonne huile de bouche, il faut choisir les olives des sauvageons, si on a le malheur d'en posséder, des bécuts et des plants d'Entrecasteaux ; les cueillir à bref délai, et les porter au moulin aussi fraiches que possible, pour les soumettre à la trituration. Vous obtenez ainsi, à coup sûr, une huile parfaite et suavement fruitée.

Il y a bien un peu de perte à détriter les olives de cette manière, mais la qualité supérieure que vous obtenez, vous en dédommage amplement.

Quand on veut faire de l'huile mangeable

ordinaire, on met les olives que l'on cueille chaque jour, dans un local à compartiments étroits, d'où l'eau puisse s'échapper et on les foule, on les tasse chaque soir ; dès que vous en avez une certaine quantité, il faut les détriter, l'olive ainsi tassée rend mieux son huile, seulement elle est moins bonne et surtout moins fruitée.

Quand on a l'intention de vendre les olives, il faut avoir le soin de les mettre dans un grand appartement, ne pas les tasser ; et la couche de ces olives ne doit jamais dépasser 10 à 12 centimètres d'épaisseur, et il faut les vendre dès qu'il y en a une centaine de doubles décalitres.

Il est certains pays dans le Var où la récolte des olives est de la plus haute importance, et où aussi les propriétaires, non seulement ne prennent pas la peine de détriter quelques doubles décalitres d'olives fraîches, pour avoir de la bonne huile, mais ne tassent pas même leurs olives, qu'ils mettent dans de grands appartements par couche de 30 à 40 centimètres d'épaisseur. Là elles se sèchent, se chauffent à loisir, et finissent par donner, soumises à la trituration et à la pression, une huile de fabrique ; de sorte que dans ces pays littéralement tout huile, l'huile est immangeable.

J'ai eu et j'ai encore souvent des relations très amicales avec quelques-uns de ces propriétaires, qui ne manquent, à coup sûr, ni de fortune, ni de tact, ni de goût. Je me suis permis de leur exprimer mon étonnement sur leur qualité d'huile. Tous, à leur tour, m'ont manifesté, de leur côté, un étonnement semblable, prétendant que leur huile était excellente. C'est ici le cas de dire que des couleurs et des goûts il ne faut pas discuter. Cependant je soutiens qu'une huile est réellement bonne et de première qualité, lorsqu'à la finesse elle réunit la douceur et le goût du fruit surtout. Ce goût du fruit est un arôme essentiellement délicat et fin, c'est un retour parfumé, mais presque insensible que vous laisse l'huile, qui flatte très agréablement le palais et qu'il ne faut pas confondre avec ce goût fort, piquant et prononcé que donne généralement l'huile des olives tassées et cueillies depuis quelque temps.

Ce goût du fruit ne peut s'obtenir qu'en détritant les olives bien fraîches, bien naturelles, à demi-maturité, et en ayant soin de bien choisir les espèces ; il est même des années où on ne peut l'obtenir que très difficilement, et pas du tout, lorsque l'olive est tant soit peu tarée ou atteinte par le froid.

Il y a des propriétaires qui prennent 10 ou 12 femmes, qui toutes ont un petit sac (sacourello) attaché à la ceinture, dans lequel elles font couler les olives, et font cueillir ainsi dans 2 ou 3 jours toutes celles qui sont nécessaires à leur provision d'huile de bouche, et les soumettent immédiatement à la trituration ; ce système est le meilleur et on obtient, à coup sûr, une qualité d'huile supérieure qui vous révèle délicieusement son bouquet partout où elle est employée et surtout répandue froide sur les œufs, les haricots blancs et la salade.

SURVEILLANCE DU MOULIN A HUILE.

1° Une fois les olives au moulin, il ne faut

jamais mettre plus de 18 ou 20 doubles décalitres dans la meule (marro) ;

2° Ne pas trop laisser broyer la pâte ;

Dans ces deux cas l'action de l'eau bouillante
ne se fait pas assez sentir : dans le premier cas,
l'eau serait refroidie par une masse de pâte trop
grande ; et dans le second, l'eau serait en partie
repoussée par cette pâte trop compacte et trop
gluante ;

3° Avoir le soin de mettre l'eau toujours bien
bouillante, non seulement dans la gorge, mais
tout autour de l'espagnolet ou cabas (scourtin);

4° Bien surveiller l'opération du rubricage,
afin que les meuniers ameublissent et brisent
bien dans leurs doigts la pâte des olives. Cette
opération bien faite facilite l'action de l'eau
bouillante ;

5° Que les meuniers engorgent bien le quatrième cabas ou espagnolet avec les yeux qu'ils
ont toujours en réserve. La pile se composant
habituellement de 16 cabas, cette opération se
répète quatre fois ;

6° Faire cueillir l'huile dans les cuviers ou

tinettes avant que le cueilleur d'huile (lou boulié)
y jette l'eau bouillante ; cette recommandation
a un double but : 1° D'empêcher l'eau bouillante d'enlever à l'huile une partie de son bon
goût ; 2° et cette eau bouillante , une fois
l'huile lampante cueillie , tombe sur l'huile
faible , la fait dégager d'avec l'eau , et la fait
monter plus facilement et plus vite à la surface;

7° Avoir autant d'attente ou (espero) que
possible , car plus on a d'attente , plus l'huile a
le temps de remonter sur l'eau.

Mes expériences et mes essais sur la fabrication de l'huile m'ont appris les faits suivants :

Pour que le travail soit bien fait et fait convenablement pour les intérêts réciproques des
propriétaires des olives et du propriétaire du
moulin , il faut qu'un moulin ayant 4 pressoirs
ne puisse faire que 8 moltes d'olives , la molte
est de 20 doubles décalitres, alors chaque molte
a 3 heures d'attente , temps qui n'est pas exces-
sif pour permettre à l'huile de remonter.

Les moulins ayant 4 pressoirs qui font 10 ou
12 moltes par jour , lèsent les propriétaires et

une partie de l'huile prend la direction des qua-
ques ou enfers, parce qu'il est impossible que
dans deux heures toute l'huile remonte à la
surface. A ce système vicieux et préjudiciable
aux propriétaires, vient s'ajouter encore un
autre inconvénient que voici : des cuviers ou
tinettes l'eau se rend directement aux quaquiers,
il arrive que le meunier oublie de boucher
l'issue du cuvier, ainsi ouverte toutes les 2
heures ; et l'huile et l'eau se rendent ensemble
aux quaquiers. Parfois le fait passe inaperçu,
quelquefois on le reconnaît et alors il faut établir un compte approximatif avec le propriétaire
du moulin, ce qui est toujours désagréable.

Ma profession d'agriculteur ne me permettant
pas de m'occuper de législation, j'ignore s'il
existe une loi relative à la surveillance des moulins à huile ; si elle existe, il serait à souhaiter
qu'on en fît une application sévère à cette manière de travailler pour le public ; qu'on interdît
cet usage qui n'offre aucune garantie et qui
lèse, à coup sûr, à mon avis, les intérêts des
propriétaires ; si elle n'existe pas on devrait en

promulguer une, et elle ne serait pas sans avoir
sa large part d'utilité publique.

Un moulin convenablement organisé, est
celui qui a ses vis en fer, qui reçoit l'eau et
l'huile dans un premier cuvier d'une capacité
suffisante à cela ; et une fois l'huile cueillie,
l'eau et les parties de l'huile faible sont transportées dans des cuviers plus grands dits (ber-
nardes) où elles séjournent et ont une longue
attente. On donne ainsi tout le temps nécessaire
à l'huile faible, de remonter à la surface. Aussi
dans ces moulins, les huiles d'enfer sont en
minime quantité, mais on ne peut pas en dire
autant des premiers.

Un système défectueux mais qui cependant
n'offre pas le même inconvénient que j'ai cité
plus haut, est celui qui consiste à jeter pêle et
mêle l'huile et l'eau de plusieurs moltes, dans
de grands cuviers. Il est bien difficile que par
ce mélange, l'huile faible remonte facilement
à la surface. Mais cependant comme l'attente ne
manque pas, on retire encore une certaine
quantité de cette huile faible.

Il est des années où l'olive se convertit facilement en huile, donne en un mot, avec facilité
l'huile, alors elle n'exige pas une forte pression;
mais quand l'olive est tant soit peu tarée, ou
surprise par le froid, une forte pression est indispensable, et plus cette pression sera forte,
mieux l'huile finira par s'échapper des cabas.

Lorsque l'olive n'est pas naturelle, une partie
de l'huile reste blanchâtre et chargée. Le cueilleur d'huile doit alors avoir largement recours à
l'eau bouillante qui finira par la dépouiller et
l'épurer.

LES QUALITÉS D'HUILE.

Les meilleures qualités d'huile de la Provence
sont celles d'Aix, en quantité infiniment minime, celles de Grasse, celles d'Entrecasteaux,
de Varages et de Cotignac, qui viennent souvent
au secours des huiles d'Aix et celles du Cannet
du Luc, qui apportent aussi leur contingent.

On faisait et on fait encore de l'huile vierge.
J'ai reconnu et constaté d'une manière certaine
que cette huile meilleure et plus fruitée dès le

principe, perdait avec les grandes chaleurs, sa qualité, devenait forte et presque d'un goût désagréable, et cela s'explique facilement : cette huile qui n'a pas été bien dépouillée ni épurée par l'eau bouillante, contient encore des parties aqueuses et autres, qui se putréfiant avec les grandes chaleurs, et avec le temps, la détériorent et la rendent en quelque sorte inférieure à celle qui a été ébouillantée. Elle offre en outre, l'inconvénient de déposer toujours malgré le transvasement.

Règle générale et terme moyen, les olives cueillies, avant le jour de l'an, donnent un rendement de deux litres, et celles cueillies après, trois litres.

Le prix du double décalitre est, terme moyen de 3 fr.

HUILE DE RESSENCE.

Lorsque les olives ont été soumises à la trituration et à la pression, il ne reste plus que le résidu ou marc vulgairement appelé *grignon*. Ces marcs se vendent à un prix assez élevé aux ressenceurs, (1 fr. les 3 d.-d.) qui en retirent à leur tour un produit rond, en extrayant l'huile de ressence, indispensable à la savonnerie.

Dans ces ressences le marc est soumis de nouveau à la trituration, puis on le fait tomber dans des cloaques, toujours remplis d'eau, placés les uns en dessous des autres, sur deux rangs et ayant une chute de 50 centimètres au moins. L'huile qui est dans le marc, la peau des olives, enfin tout ce qui contient encore un germe oléagineux, viennent à la surface. Ces cloaques reçoivent toujours l'eau qui entretient un mouvement continuel, et sont battus en outre, de temps à autre, par des hommes armés d'une espèce de manche à large support. L'eau et ce travail, font arriver à la surface toutes les parties oléagineuses que l'on ramasse pour les déposer dans un grand chaudron. Ces matières doivent bouillir environ deux heures, et on [les met après dans des espagnolets à tissus très fins que l'on soumet à une pression lente mais très forte. Par cette pression on obtient alors l'huile de ressence, qui est plus épaisse, plus compacte,

que l'huile première obtenue au moulin , et qui
forme presque le savon.

J'ai constaté d'une manière certaine que chaque double décalitre de marc , provenant des
moulins à huile , contenait , année ordinaire ,
plus d'un 1|2 litre d'huile , et que lorsque les
olives étaient gelées (rébouïdo) , chaque double
décalitre en contenait alors plus d'un litre..

Une grande partie de propriétaires ou de négociants laissent, à tort, perdre sans fruit les
eaux grasses , encore chargées de parties oléagineuses. Ces eaux constituent un engrais de
première qualité. Seulement il faut avoir le
soin de les déverser dans les prairies ou dans
tout autre terrain , largement mélangées avec
d'autres eaux plus limpides et plus pures , et
elles deviennent, par ce mélange, très fertilisan-
tes. Employées seules , elles brûleraient les
plantes fourragères , car l'huile est un engrais
des plus violents.

Un inconvénient très grave résulte aussi de
l'abandon immédiat de ces eaux. Sortant des
cloâques des ressences et se rendant directement

dans nos faibles cours d'eau, elles déposent partout et partout ces dépôts corrompent l'eau qui sert à abreuver bêtes et bestiaux, vicient l'air sur une longue étendue, engendrent quelquefois des maladies, et tuent une quantité prodigieuse de poissons.

C'est ainsi que ce qui pourrait être un vrai bienfait particulier, devient par l'incurie de ces propriétaires une calamité publique.

En résumé pour avoir une bonne récolte d'olives, il faut :

1° Tailler tous les six ans les oliviers, à l'exception du ribier de Lorgues ;

2° Les élaguer tous les 2 ans, et le ribier de Lorgues tous les 4 ans ;

3° Les fumer quant on le peut ou tous les 2 ans, et au moins tous les 4 ans, avec des engrais animaux ou végétaux ;

4° Les labourer trois fois, et ne pas les semer ;

5° Les piocher une fois, et leur arracher soigneusement les petites racines, presque sur terre, qui les sucent ; et qui au lieu de fournir une sève quelconque, la gardent pour elles, et en prennent même une partie des autres ;

6° Couper, avec un instrument tranchant, les rejetons parasites et rongeurs qui partent du tronc ou des racines-mères.

Pour avoir la qualité d'huile, il faut :

1° Choisir avec soin les espèces, les meilleures sont :

Le Sauvageon, le Bécut et le plant d'Entrecasteaux.

2° Les cueillir à bref délai et les détriter aussi fraiches que possible ;

3° Ne pas ébouillanter l'huile, au moment où on va la cueillir, dans les tinettes ou cuviers.

Olivier de Serres dit à propos de l'huile : « Le moins garder les olives est le meilleur « pour la bonne et qualité d'huile. » Et cependant depuis lui on n'a cessé d'entasser les olives, de les faire fermenter avant de les porter au moulin. Aussi combien sort-il de bonne huile, surtout d'huile susceptible d'être gardée longtemps, de la plupart de nos fabriques. Faut-il donc que les préjugés de la routine, soient toujours plus forts que la raison et même que l'intérêt.

Je terminerai l'article olivier par ces quatre vers, à son adresse, sortis du cerveau d'un poëte inconnu.

Tu donnes, il est vrai, l'huile à couleur dorée
Et plus souvent encore une olive tarée.
Qui ne donne parfois ! hélas, ni l'or ni l'huile
Mais un fruit sans valeur et partant inutile.

CHAPITRE III.

Le mûrier.

Le mûrier, comme la vigne et l'olivier, fut connu des anciens, mais ils ne le cultivèrent que fort peu et n'eurent pour lui qu'une estime assez médiocre. L'arbuste chéri de Bacchus, l'arbre protégé par Minerve, furent chantés sur tous les tons et sur toutes les gammes, et le mûrier ne trouva ni échos, ni chantre pour vanter, publier son importance et son utilité.

Son introduction et sa culture réelles ne da-
tèrent en France que du règne d'Henri IV. Sully
le plus grand ministre de l'agriculture, encou-
ragea vivement, par des primes, l'extension de
cet arbre qui fut cultivé sur presque tout le sol
de la France ; et plus tard, principalement dans
le Dauphiné, le Languedoc et la Provence,
le mûrier devint une branche importante de
récolte et de richesse, d'autant plus précieuses
que l'on obtient le produit dans quelques jours.

Si l'olivier a été le Benjamin de nos pères,
le mûrier à son tour a été choyé, idolatré par
nos mères, nos épouses et nos sœurs. Lui aussi
a été un des puissants de la terre pendant de
longues années, et aujourd'hui il est presque
frappé d'ostracisme et de mort. Espérons que de
meilleurs jours se lèveront encore pour lui et
qu'il reprendra tôt ou tard, et tôt je l'espère, la
haute position qu'il mérite d'occuper sous tous
les rapports ; car la *gattine* ou autres maladies
pernicieuses doivent disparaître un jour ; le
bien étant de courte durée, il est impossible que
le mal soit éternel.

Je suis loin, dès lors, de partager les vues
destructives de certains propriétaires, qui dans
un moment de colère et d'abattement, ont eu
recours à cette mesure extrême, de couper leurs
mûriers. Est-ce que le mûrier, outre son produit séricicole, n'a pas encore un produit quelconque ? Les feuilles ne servent-elles pas à
engraisser les bœufs, à fournir une nourriture
saine aux vaches laitières ? Les mûres ne sont-
elles pas d'un précieux secours pour la volaille
et pour les troupeaux de porcs. Le bois qu'on
lui enlève par la taille, n'est-il pas très utile pour
alimenter le feu du foyer domestique. La vigueur de ses tiges et son beau feuillage, ne
flattent-ils pas agréablement le coup d'œil et ne
vous montrent-ils pas toute la fertilité de votre
terre, aussi bien et mieux qu'un chêne blanc,
un ormeau ou un poirier sauvage ? N'a-t-il pas
eu longtemps vôtre amour, vos soins ; et parce
qu'une catastrophe, dont il est innocent, est
venu le frapper, vous l'abandonnez, vous le
proscrivez et vous le détruisez. Erreur ! incon-
séquence ! vous savez, et qui ne sait pas, que

tout a une fin ; et qu'à coup sûr ces maladies qui s'acharnent sur les vers à soie, disparaîtront. Alors les regrets viendront, vous déplorerez avec amertume votre acte de destruction et de vandalisme, vous vous déciderez à planter de nouveau, et vous attendrez de longues années pour avoir un produit quelconque, n'ayant durant cette attente, que la triste consolation de vous dire « imprévoyant que j'ai été ! j'avais « planté ce que j'ai détruit, et j'ai détruit ce que « je plante. »

Le mûrier vient par semis et s'élève ensuite en pépinière.

Il aime un terrain léger, sablonneux et légèrement humide.

Il réussit peu dans les terrains compactes et argileux ; dans le grès ou le schiste durs, il reste toujours chétif et rabougri.

Parcourez toutes les communes de la Provence et vous serez convaincus que ce que j'avance est d'une exactitude rigoureuse et à l'abri de tout doute. Vous verrez partout que dans les terrains sablonneux ou légers, le mûrier grandit rapidement et atteint dans quelques années un développement convenable et productif.

Que dans les terrains compactes et argileux, il prospère pendant quelques années, s'arrête ensuite, et va plutôt en diminuant qu'en augmentant.

Dans les terrains de schistes ou de grès durs, malgré les soins, malgré l'engrais, malgré la taille, il se rabougrit, devient chétif d'un produit nul et désagréable à la vue.

Des agriculteurs ont écrit que le mûrier venait bien partout et qu'il ne demandait qu'une bonne exposition ; ils ont commis, ou du moins ma conviction est telle, une erreur ; j'engage vivement les propriétaires qui voudraient encore planter des mûriers à être circonspects et prudents sur la nature de terrain, et ils agiront sagement, en en plantant moins, et en les plantant dans un terrain offrant les conditions suivantes : le sol, n'importe la qualité, mais étant sablonneux, léger et tant soit peu humide, ils obtiendront alors des résultats heureux. Ici je m'adresse à tous les propriétaires qui ont

planté, planté des mûriers, sans distinction de
sol, ils ont eu la quantité de mûriers, mais ont-
ils la quantité de feuilles? Et la végétation de ces
mûriers plantés sur ces diverses qualités de
terrains, n'est-elle pas exactement comme je
viens de la décrire? Je suis convaincu de leur
réponse affirmative.

Il y a environ vingt ans, me conformant à
l'ordre du jour, cédant à la manie générale, à
ce penchant irrésistible de planter des mûriers
partout où il y avait une place vide, je plantai,
je plantai. Tous mes mûriers qui ont été placés
dans les terrains réunissant la qualité susdite,
ont grandi rapidement et sont d'une végétation
luxuriante et à faire plaisir. Ceux qui ont été
mis dans des terrains compactes ont une couronne modeste, qui est le type du *statu quo*,
ni ils avancent, ni ils reculent. Et ceux
qui sont dans le schiste dur, sont de vrais
crétins. A l'appui de cette citation qui m'est
personnelle, je pourrais citer une foule de propriétaires, qui ayant des domaines importants
dans diverses communes, ont suivi le même

système, le même errement, et tous en suppor-
tent les conséquences, en ayant un résultat
parfaitement identique.

MANIÈRE DE PLANTER LE MURIER.

Lorsque l'on veut planter des mûriers, il faut
choisir des plants jeunes, sains et vigoureux, en
un mot, n'ayant que deux ans de pépinière, à
partir de l'époque de la greffe.

La couleur rouge-jaune vous dénote la force,
la jeunesse du plant, et la couleur grise sale, à
taches blanchâtres, est le signe certain de sa
vétusté et de son rachitisme.

Pour planter un mûrier, on fait un trou ou
fosse ayant 2 mètres de largeur et 60 centimètres de profondeur, de chaque côté; vous faites
tomber la première couche de terre pour le
combler et vous placez votre mûrier à 25 centimètres de profondeur ou en le recouvrant
jusqu'à la greffe.

Avant de le planter il faut mettre à l'eau ses
racines pendant quelques heures, et les recouper légèrement.

On ne doit planter le mûrier qu'à 10 mètres
de distance de l'un à l'autre et principalement le
long des chemins, des fossés, des rivières, en
ayant soin de laisser toujours au moins 2 mètres
de distance de ces fossés ou chemins au mûrier,
pour que la charrue puisse librement et facilement fonctionner tout autour. Vous économise-
rez ainsi de nombreuses journées de piochage,
et vos mûriers ne gèneront pas pour labourer
vos ganses.

Dans les terrains secs, on doit planter dès
le mois de décembre, et dans les terrains sablonneux et un peu humides, en mars et en
avril.

LA TAILLE DU MURIER JEUNE ET VIEUX.

On ne doit tailler le mûrier que lorsqu'il
compte trois ou quatre ans de plantation, en
ayant le soin de ne le laisser s'élancer que sur
trois branches; après ce laps de temps vous
arrêtez ces branches à trente, quarante et même
cinquante centimètres de longueur, suivant la
force de l'arbre, et vous avez alors des tiges-

mères vigoureuses, saines, et sans cicatrice ; et à la taille suivante vous le laissez développer sur six tiges. Cette taille doit être faite en février.

Dans ces diverses tailles il faut laisser de préférence les tiges qui tendent à prendre une direction horizontale et à s'éloigner du milieu de l'arbre, tenir l'intérieur du mûrier net et bien vidé.

Il est des propriétaires et des tailleurs de mûriers qui appliquent à cet arbre, lors de la première année de sa plantation, une taille semblable à celle que l'on donne à la vigne, c'est-à-dire, que chaque année, ils recoupent les tiges, ne leur laissant qu'un œil ou deux. Ce système est vicieux, en ce sens, que les tiges qui vont devenir mères-branches sont littéralement couvertes de cicatrices ; et se ressentent si ce n'est toujours, du moins très longtemps de ces mutilations successives.

Quand le mûrier est arrivé à un certain âge, et a acquis un certain développement, il faut fortement le couronner, et mettre tous ses

soins, à le vider intérieurement, à faire prolonger ses branches horizontales pour lui donner
la plus grande circonférence possible ; car plus
il s'étend plus il donne de feuilles.

Cette taille doit avoir lieu tous les quatre ans,
et il est à remarquer qu'elle ne coûte rien, le
bois payant largement les frais.

Quand un mûrier est maladif ou fatigué,
il faut le tailler en février. Vous perdez alors
une récolte de feuilles ; mais il est rare que par
cette taille faite en hiver, l'arbre ne reprenne
pas une vigueur satisfaisante, et ne vous dédommage pas amplement de cette perte, par la
multiplicité et la vigueur de ses tiges recouvertes
de nombreuses feuilles.

Si le mûrier est vigoureux, on doit le tailler
dans le courant de mai, ou dès les premiers jours
de juin, et trois à quatre jours après lui avoir
enlevé sa feuille. La sève, refoulée par cet effeuil-
lage, disparaît complètement à cette époque et
l'arbre ne perd pas une seule goutte de cette
sève qui doit lui servir à développer vigoureu-
sement ses pousses à venir.

ESPÈCES DE MURIERS CULTIVÉES EN PROVENCE.

Il n'y a guère que trois sortes de mûriers
cultivés dans nos contrées. Ce sont :

Le Sauvageon qui donne la feuille la plus fine
la plus soyeuse et la meilleure, seulement étant
plus difficile à cueillir elle exige plus de bras.

La Pommette, vient après; cette feuille n'est
ni trop grosse ni trop grossière, et ne contient
que fort peu de principes aqueux.

Le mûrier à grosse feuille, mal à propos dit
mûrier d'Espagne. Cette feuille est large, grasse
et aqueuse.

Le Sauvageon ou Pourrette se plante aussi
en bordure à 75 centimètres de distance, ou à
1 mètre, et forme une haie. Sa feuille plus hâ-
tive, sert à nourrir les vers à soie dans leur
première mue, et permet ainsi aux autres
mûriers de développer davantage les leurs.
Ces pourrettes offrent les nombreux avantages
que voici :

1° Elles sont toujours à mi-tiges et partant
d'une grande facilité à cueillir ;

2° Ces feuilles étant tendres, fines et nutriti-ves, les vers à soie les attaquent facilement et volontiers, les dévorent pour ainsi dire, et leur sont à coup sûr d'une nourriture saine ;

3° Pendant que vous donnez cette feuille, vos mûriers à haute tige développent la leur qui atteint ainsi presque toute sa croissance, et ces pourrettes alors vous économisent une quantité importante de feuilles que vous auriez été obligés de cueillir, n'ayant pas acquis le quart de leur développement ordinaire.

On plante ces pourrettes de la même manière que la vigne ; on creuse un fossé de 1 mètre de largeur et 50 centimètres de profondeur, et puis on enfouit à 25 centimètres, à la cheville, la pourrette distancée l'une de l'autre de 75 centimètres ; elles sont d'un effet agréable à l'œil le long des chemins, elles réussissent bien aux bords des fossés, et on peut aussi les planter en plein, dans des recoins trop étroits ou trop étranglés pour être labourés.

PIOCHAGE DES MURIERS.

Les mûriers ne coutent que fort peu pour les piocher, la charrue vient cotoyer le tronc de l'arbre et ne laisse que quelques coups de pioche à donner au sol qui n'a pas été cultivé. Ce piochage doit avoir lieu en mars ou en avril, ainsi que pour les plants jeunes, et ces derniers doivent être binés dès le commencement de juin.

La deuxième feuille que poussent les mûriers sert encore pour fourrage. Au mois d'octobre, dès que les premières gelées la font détacher, on doit s'empresser de la cueillir et de la transporter immédiatement dans les greniers ; et là vous faites une couche de paille et une couche de feuilles successivement répétées et de l'épaisseur de 12 à 15 centimètres. Cinq à six jours après, cette feuille commence à fermenter, et dès que la fermentation se traduit par une chaleur assez forte, on s'empresse de venter paille et feuille pendant quelque temps et à diverses reprises. Les chevaux, les mulets et

surtout les bœufs mangent très volontiers ce
genre de mêlée ; elle est une nourriture précieuse pour les vaches laitières auxqu'elles elle
entretient le lait, si elle ne l'augmente pas.

Cette feuille donnée verte aux bœufs durant
le mois d'octobre excelle pour les engraisser.

Il est des propriétaires qui prétendent que la
feuille des mûriers est aussi atteinte de maladie,
et que cette maladie, réunie à celles qui déciment et dévorent les vers à soie , vient prêter
un concours désastreux pour anéantir tous les
produits que l'on pourrait attendre de cette
récolte.

Je ne partage en aucune manière cette opinion , et je vais essayer de démontrer qu'ils sont
dans une erreur complète.

Toutes les maladies des arbres se traduisent
en général par des symptômes plus ou moins
apparents ; ainsi l'oïdium se distingue de très
loin, la jaunisse frappe la vue d'une manière
désagréable ; il ne faut pas des lunettes d'approche pour remarquer la rouille, la cuscude.

Toutes les feuilles sans exception frappées

d'une maladie quelconque, la révèlent par des signes bien appréciables à la seule vue. Si ce n'est instantanément, du moins quelque temps après. J'ai examiné bien souvent, longtemps et à diverses époques, les feuilles de mes mûriers, et je n'ai rien pu découvrir qui ait trait à une maladie quelconque. Serais-tu privilégié, me suis-je dit, tes arbres seuls seraient-ils exempts de cette maladie? Voyons alors ceux de mes voisins. J'ai fait un examen scrupuleux et les résultats ont été les mêmes, c'est-à-dire, que les feuilles des mûriers de mes voisins étaient aussi saines, aussi vigoureuses et aussi naturel-les que les miennes. J'ai eu la conviction et la certitude que cette maladie n'existait pas et qu'elle n'existait que dans la tête des alarmistes qui, dans de grandes catastrophes, possèdent à un haut degré le génie de la peur, génie qui égare toujours et est par excellence hyperboli-que.

Rentrant en moi-même, j'ai fait ensuite les réflexions suivantes:

Pourquoi dans telle éducation la récolte à to-

talement manqué l'année dernière, et à parfaitement réussi cette année-ci que l'on a
changé la graine? N'est-ce pas là une preuve
que la feuille est saine et naturelle, et que la
graine seule est atteinte d'un vice mortel.

Pourquoi, quand vous avez dans la même
magnanerie plusieurs espèces de graines, l'une
réussit et l'autre fait un fiasco complet, devient
un vrai fumier ? Si la feuille était atteinte d'une
maladie quelconque, à coup sûr, vous n'auriez
pas cette divergence de résultats ; ces résultats
seraient identiques, mauvais et négatifs.

Ainsi donc, pour moi, il n'y a aucun doute,
la feuille est ce qu'elle était il y a 20 ou 30 ans.
La graine seule a dégénéré, s'est corrompue,
contient en un mot des maladies contagieuses et
mortelles. Et celui qui parviendra à la régénérer
rendra un service immense à une partie de la
France ; son nom passera dans la postérité la
plus reculée, sera dans toutes les bouches, et
surtout dans la bouche des enfants et des petits
enfants des éleveuses de vers à soie, qui avaient

là un moyen précieux de réaliser des ressources pécuniaires dans un bref délai.

Je ne crois pas devoir parler dans cet ouvrage d'une manière détaillée et approfondie, de l'éducation des vers à soie; tout éducateur doit avoir chez lui les ouvrages de Dandolo, de Darcet ou de tous autres maîtres, qui ont écrit sur ce sujet, et certes ces ouvrages ne manquent pas.

On me permettra dès lors de ne donner que quelques notions succinctes et sommaires, relatives à cette éducation.

ÉDUCATION DES VERS A SOIE.

Il faut autant que possible ne mettre à éclore qu'une graine que l'on croit essentiellement bonne et saine, repousser sans hésitation, celle qui a laissé apparaître le moindre germe de maladie.

Préparer la graine par gradation de chaleur ; les premiers jours on doit la mettre à 14 ou 15 degrés de température, le deuxième à 16 ou 17, ainsi de suite jusqu'à 22 degrés, le sixième jour, époque alors de son éclosion.

On doit tenir cette graine mise à éclore, dans de petites boites en carton, par couche de 2 centimètres, et recouvertes de carrés de tulle bien préférables au papier percé.

Vous tiendrez vos vers à soie éclos, à 18 ou 20 degrés de chaleur pendant la première mue, à 18 la deuxième et à 16 ou 17 la troisième et la quatrième mue.

Quand vous mettez une quantité importante de graine, il faut en faire deux qualités ; les premiers venus dans les deux jours de leur éclosion et les derniers venus dans les deux autres jours.

Si vous n'en avez qu'une faible quantité, vous parvenez facilement alors à les égaliser, en donnant aux derniers venus un repas de plus, ou quelques repas intermédiaires, et en les tenant à une plus forte chaleur.

Vous donnerez de préférence aux premieres mues, la feuille de vos pourrettes ou sauvageons ; il faut toujours leur donner quatre fois

par jour et à chaque six heures, et la veille du
jour de leur mue cinq fois.

Vous donnerez de préférence à la quatrième
mue, deux ou trois jours avant l'ascension, la
feuille la plus grosse et la plus grasse, en ayant
soin de garder une partie de la plus fine, la plus
soyeuse pour le moment de leur montée.

Il vaut mieux, règle générale, leur donner
plus légèrement, et leur donner alors une fois
de plus. La feuille doit toujours être cueillie un
jour à l'avance.

Il faut autant que possible tenir sur les claies,
les vers à soie clairs, ils prennent ainsi, mieux
leur nourriture et sont plus égaux.

On doit les déliter deux fois à chaque mue et
à la dernière, trois fois.

A partir de la troisième mue on doit souvent
renouveler l'air de la magnanerie. Il est facile
de reconnaître si l'air de cette magnanerie est
pur ; lorsqu'on y entre il faut respirer librement, sans éprouver la moindre sensation et la
moindre gêne.

On renouvelle l'air par les fenêtres, par les

soupiraux, et par des feux à flamme ; pour alimenter ces feux, on se sert de la bruyère, de l'aspic, du thym, etc. etc.

Pour aider à la purification de l'air, il faut avoir le soin de tenir continuellement dans les recoins de la magnanerie des plats remplis de chlorure de chaux ou de goudron que l'on remue de temps à autre.

Les bruyères doivent être placées avec discernement, c'est-à-dire, sèches, bien solides et bien élargies par le haut, formant l'éventail ouvert.

On doit garder en réserve quelques claies, bien propres et n'ayant pas reçu des vers de l'année, pour y placer les lents et les paresseux. Ces vers, trouvant alors des claies propres, un bois analogue, se décident souvent à faire leur ascension.

Trois jours après que l'ascension des vers a été bien prononcée, il faut enlever tous ceux qui se refusent à monter et les placer sur les claies susdites. Le lendemain, une ou deux femmes parcourent les bruyères, enlèvent les vers à soie coureurs ou qui n'ont pas encore trouvé leur place, et les déposent dans un endroit fait à cet usage, dit l'hospice (l'espitaou).

Quatre jours après que vous avez fait cette opération vulgairement appelée (démama), vous devez enlever du bois vos cocons, qui doivent être immédiatement livrés à la vente.

Si les vers à soie ont été sains, vigoureux, et les résultats bien satisfaisants, vous devez alors choisir vos cocons de graine, et le choix doit principalement se porter sur les plus durs, les mieux faits, sur ceux, en un mot, qui réunissent les meilleures conditions.

Vous leur enlevez soigneusement ces fils inutiles dont ils sont entourés (la bave) et vous les étendez ensuite sur des claies très-clairs.

Quinze jours après, les vers à soie changés en papillons percent le cocon et tendent à s'accoupler. On doit faire accoupler chaque mâle avec la femelle, et 8 heures après on peut enlever le mâle et le donner à d'autres femelles, si toutefois les femelles sont plus nombreuses.

On doit jeter sans hésitation tout mâle ou toute femelle qui ne réunit pas une vigueur et une apparence convenables, qui a des taches noirâtres, ou les ailes frisées, c'est alors un signe certain de gattine.

Il faut placer des linges fins contre les murs de l'appartement, qui doit être, autant que faire se peut, exposé au nord ; on applique sur ce linge les femelles qui pondent presque instantanément la graine.

Quinze jours après que cette opération est finie, vous roulez soigneusement vos linges, vous les placez dans un panier que vous suspendez au plancher par le moyen d'une ficelle et vous les laissez ainsi jusqu'au mois d'avril, époque où vous mettez de nouveau votre graine à éclore. On doit choisir alors les graines ayant la couleur d'un gris cendré, légèrement rosées, bien égales et bien nourries, repousser les graines de toutes nuances, surtout les jaunâtres, et celles qui viennent sur l'eau.

Éducateurs de vers à soie, cela faisant, Dieu et votre travail aidant, et surtout la gattine disparaissant, vous pourrez obtenir encore des résultats heureux.

CHAPITRE IV.

—

Le figuier.

Le figuier, comme l'olivier, aime un climat chaud et bien exposé, il vient surtout sur les coteaux et donne là une récolte presque assurée, tandis que dans la plaine et dans les terrains gras, il devient trop vigoureux, et ne mûrit son fruit que très tard, c'est-à-dire, à la fin septembre, précisément au moment des grandes pluies.

PLANTATION DU FIGUIER.

Le figuier se plante par bouture ; voici la manière usitée : on fait un trou ou fosse de 1 mètre de large et 50 centimètres de profondeur ; on coupe une branche de figuier ayant trois jets dont deux latéraux et un vertical ; on étend les deux jets latéraux que l'on recouvre de terre à environ 35 centimètres de profon-

deur, et on laisse paraître et monter le jet vertical à environ 25 centimètres, en se gardant
bien de le recouper.

LA TAILLE DU FIGUIER.

On doit mettre tous ses soins à faire élancer
le figuier lorsqu'il est jeune, parce qu'une fois
arrivé à un certain âge, il redoute souveraine-
ment la taille. On ne peut guère alors que lui
enlever quelques branches mortes, quelques
brindilles ; il faut presque lui dire fais et va où
tu voudras, ces cicatrices ne se recouvrent que
très difficilement et pour mieux dire jamais.

ESPÈCES DE FIGUIER.

Il y a diverses espèces de figuier donnant des
figues de diverses qualités. Les plus estimées
sont : la marseillaise, la moissonne, l'aubique
blanche, la figue d'or (comme apparat), la finette
et la bellone ; tous ces figuiers viennent bien et
indistinctement, comme il a été dit plus haut,
sur les coteaux.

Les figues se cueillent toutes à la main, puis

on les étend sur des claies bien exposées au soleil, et supportées par de longues barres, c'est ce qu'on appelle vulgairement un (graissier ou séchoir); il faut avoir le soin de les tourner quelquefois pour aider à l'action du soleil à les sécher le plus promptement possible.

Chaque soir on superpose toutes ces claies, les unes sur les autres, en leur mettant deux morceaux de bois ou deux pierres aux extrémités, pour que le poids de la claie n'écrase pas les figues placées inférieurement, et puis on recouvre la dernière claie avec des planches ou des morceaux de liége qui leur font l'effet d'une toiture et les garantissent au besoin de la pluie; et chaque matin, dès que le soleil paraît, on les soumet de nouveau à son action.

Dès que les figues arrivent à un certain degré de macération, on les met dans des paniers légèrement tassées, en ayant soin de bien séparer les espèces; quelques jours après, on expose encore au soleil une heure ou deux ces figues, qu'on s'empresse de remettre immédiatement dans les corbeilles, en les tassant et les pressant fortement, de là elles sont livrées à la vente ou à l'usage de la maison.

Les figues les plus renommées sont celles de Grasse et de Salernes. La vente des figues a lieu ordinairement à la foire de Saint-Martin, à Brignoles.

Les prix ordinaires sont de 10 à 11 fr. les 40 kilog.

Les figues sont appelées à augmenter de valeur par l'établissement du chemin de fer, surtout les figues fleurs ou hâtives, les servantines, les coucourelles, qui pourront être transportées dans les grandes villes les plus éloignées, rapidement et sans secousse.

CHAPITRE V.

L'amandier.

L'amandier est un arbre très agreste qui vient dans tous les terrains, il grandit même au milieu des rocs ; on l'obtient facilement par semis.

Il n'est guère cultivé dans la Basse-Provence que comme arbre fruitier, c'est-à-dire, que chaque propriétaire en plante à peu près ce qu'il juge nécessaire à sa provision domestique.

Il n'en est pas ainsi pour la Haute-Provence où cet arbre est cultivé en grand, et donne une récolte assez productive. On rencontre dans ces contrées de vastes terrains tous complantés en quinconces et soigneusement labourés. Là les amandiers sont d'une vigueur étonnante, et cet arbre, quoique très agreste, a comme tous les autres arbres, mieux on le cultive plus il produit.

L'amandier doit être greffé, autrement son fruit est amer; on le greffe en avril à l'écusson, ou en février à la fente, et on le plante lorsqu'il a atteint la proportion du gros doigt. Comme pour le figuier, on fait un trou ou fosse de 1 mètre de largeur et 50 centimètres de profondeur, et on l'enfouit à 25 centimètres, en le laissant partir sur trois branches et puis sur six. On ne taille ou on couronne l'amandier que lorsqu'il a un certain âge, et cette taille, qui excelle à lui faire porter des fruits, n'a lieu que tous les 8 ans environ.

Il y a à redouter pour lui les gelées de février et de mars, cet arbre étant très précoce et très hâtif. On obvie à cette hâtivité en déterrant pendant l'hiver une partie de ses racines-mères ; l'action du froid retarde alors la sève, et la récolte devient ainsi moins chanceuse.

J'ose avancer qu'un amandier réduit donne autant et peut-être plus de produit qu'un olivier aussi réduit.

Je vois l'étonnement et l'incrédulité de tous les propriétaires d'oliviers ; mais que ces propriétaires comptent bien tous les frais que nécessite la récolte des olives, la taille ou l'élagage, les labours, le piochage et souvent le binage, les engrais, les chances de récolte, le ver qui attaque le fruit et surtout la cueillette des petites olives, et ils verront que ce que j'avance n'est pas précisément une hérésie, mais bien une vérité. Et si ce n'était la différence du sol et du climat, je préférerais une plaine d'amandiers dans la Haute-Provence à une plaine d'oliviers dans la Basse.

L'amande tendre est la plus recherchée pour la table, et l'amande dure rôtie au four est délicieuse.

Les amandes sont généralement vendues aux confiseurs et aux fabricants de nougats. Leur prix moyen est de 2 fr. 50 le double décalitre.

Le système généralement employé pour faire la culture des amandes consiste à les gauler dès que leur enveloppe commence bien à s'ouvrir. Je ne crois pas devoir mieux faire que de citer Olivier de Serres, au sujet de cette cueillette :
« La cueillette des amandes, disait-il, sera lors-
« qu'elles commenceront à cheoir d'elles-mesmes
« des arbres, nues et dépouillées de leur pre-
« mière couverture ; lesquelles on abbatra avec
« des perches, sans offencer les arbres le moins
« qu'on pourra, choisissant pour ceste œuvre
« un beau jour et chaud. Puis, du tout desve-
« loppées, leur ayant osté par force ce qui de
« leur peau ne se sera voulu oster par gré,
« seront exposées au soleil par deux ou trois

« jours, afin de s'y sécher. Après les retire-t-on
« sur des planchers, les y tenant escartées, et
« les remuant souvent, pour s'y achever d'ap-
« prester : à ce que vuides toute humidité,
« soyent finalement retirées au grenier, et là
« emmoncelées, estre conservées saines pen-
« dant plusieurs années. »

On mange les amandes fraîches ou sèches,
elles sont employées pour confectionner des
dragées et autres sucreries, on les fait entrer
dans plusieurs pâtisseries, on en compose le
sirop d'orgeat et on en extrait l'huile d'amande
qui est employée en médecine et dans la parfu-
merie ; elles servent enfin à faire le lait et la
pâte d'amande, substances précieuses qui, mélangées avec quelque autre essence, donnent à
la peau une odeur suave, une finesse délicate et
un velouté tentateur et séducteur.

CHAPITRE VI.

—

Le noyer.

Le noyer est le plus grand de tous nos arbres de Provence ; très agreste et très vigoureux, il vient comme l'amandier dans tous les terrains et dans les terrains gras, légers et arrosants, il grandit rapidement, et dans quelques années il atteint des proportions colossales.

Rare et isolé dans la Basse-Provence, le noyer ne donne souvent, à cause des grandes chaleurs et de la sécheresse, qu'un fruit taré et vermineux, mais il réussit mieux dans la Haute où il donne une récolte saine et abondante.

Le noyer vient par semis, et on le plante comme l'amandier ; on doit faire tous ses efforts pour le faire élancer sur une seule tige, et une fois qu'il est arrivé à une hauteur de 4 à 5 mètres on l'arrête pour le faire partir sur diverses branches.

Dans les Hautes et Basses-Alpes et dans le nord du Var, une partie des noix est vendue au commerce et de l'autre on en extrait l'huile.

Je plains sincèrement les personnes obligées à avaler cette huile, et à coup sûr, elle ne servira jamais à la salade des gastronomes, ni à l'usage de tout honnête homme qui tient à son gosier.

Une partie des branches et le tronc du noyer sont vendus à des prix très élevés aux ébénistes qui l'emploient avec élégance à la fabrication d'un grand nombre de meubles.

Son bois est facile à travailler, d'un grain fin et d'une couleur agréable. On en fait en France une immense consommation pour la menuiserie et l'ébénisterie ; il est souvent bien veiné, et ses racines et ses bosses, divisées par feuilles très minces, appelées placages, forment des dessins curieux et d'un coup d'œil agréable.

Les noix, bien avant leur maturité, se confisent au sucre et à l'eau-de-vie et servent à faire d'excellents ratafias. On les mange un peu avant leur maturité, sous le nom de Cerneaux

(escaillouns), elles se mangent aussi lorsqu'elles
sont mûres, mais elles deviennent fortes et
rances avec les chaleurs. Il faut alors, quand
on veut les manger en mai ou en juin, avoir le
soin de les laisser tremper dans l'eau 8 à 9 jours,
en changeant l'eau chaque jour. Après ce laps
de temps, elles reprennent toute leur fraîcheur
primitive, et on dirait en les mangeant qu'elles
viennent d'être cueillies instantanément à
l'arbre.

Le noyer dans certaines parties de la Haute-
Provence, devrait être cultivé en grand, on
ferait bien de le planter le long des rivières, des
chemins, dans les terrains qui quelquefois sont
ravinés par les eaux de ces rivières, et à coup
sûr il deviendrait une branche très importante
(pour certains pays) de produits et de ressource.

La cueillette des noix se fait, à la lettre,
comme celle des amandes.

Le double décalitre de noix se vend ordinairement 3 francs.

CHAPITRE VII.

—

Le poirier sauvage.

Le poirier sauvage appelé le *pérussier* abonde
et pullule dans la Basse-Provence, principalement dans les terrains calcaires, la plus grande
partie des propriétaires le laissent à tort à l'état
sauvage ; il devient ainsi un embarras pour
l'agriculture, et une nullité radicale comme
produit.

Agriculteurs, croyez bien que Dieu n'a rien
créé sans avoir un but, et si votre sol nourrit en
masse des poiriers sauvages, c'est qu'il a voulu
et veut encore que votre terre soit le pays privilégié des poires ; il vous donne l'arbre tout
fait, c'est à vous d'en tirer le meilleur parti.

A l'œuvre donc, greffez en février et à la
fente tous vos poiriers sauvages qui deviendront
dans quelques années un objet de produit et
d'agrément.

Saint-Marcel, propriété dont j'ai parlé déjà, était la véritable patrie de ces pérussiers ; presque à chaque pas vous rencontriez cet arbre à dents pointues, qui vous piquait d'une manière très désagréable, aux jambes, aux mains et souvent à la figure ; il voulait vous dire ainsi dans son langage : — Je te déclare, à toi maître, une guerre acharnée, jusqu'à ce que tu aies amélioré ma position, je suis las d'être un arbre improductif, inutile et conspué, je veux prendre rang parmi mes semblables les arbres, je veux avoir ma part d'utilité, je ne veux plus être inutile, ou parasite vorace, et j'emploirai pour arriver à cette position tous les moyens qui sont en mon pouvoir. Je me rendis en face de ce raisonnement si juste et je m'empressai de les satisfaire en greffant les plus impatients, c'est-à-dire, 1200 environ, il en reste encore, il est vrai, et sans exagération, quelques mille, mais patience, à chaque année, leur tour viendra. Les plants ainsi greffés sont d'une vigueur incroyable, ils commencent à donner des fruits, ils sont devenus un agrément pour la propriété, et un produit qui sera réellement important dans quelques années, d'autant plus important que tous ces arbres sont généralement radiqués aux bords des bois, le long des fossés et des chemins, ou dans des bondes ; ils ne fatiguent ainsi ni la terre en nature de culture, ni la vigne, ni les oliviers, et ne coûteront jamais rien ou fort peu pour les piocher ; les fruits, en un mot, n'auront pas le goût du fer, comme disent nos travailleurs. J'ai eu le soin de ne greffer que les meilleures qualités de poire, ce que sachant, les voisins viennent de suivre mon exemple, ils me demandent en bons amis, des tiges à greffe, que je me fais un vrai plaisir de leur donner, métamorphosant à leur tour tous les poiriers sauvages ; et dans quelques années ces quartiers seront réellement la source, le foyer des bonnes poires d'été.

On ne peut greffer sur les arbres exposés au vent que des poires d'été, les meilleures et les plus recherchées sont : la poire d'hermite (précoce), la cramoisine, la dorade, la rougette pour la confiture, la brute bonne et le beurré blanc.

8

La première année vous ne toucherez pas aux pousses de vos greffes, qui étant nombreuses résistent mieux au vent; vous vous contenterez seulement de couper les regains que jettent de toutes parts les poiriers sauvages greffés. La deuxième année vous laisserez partir vos greffes sur 2, 3 et 4 tiges, suivant la force, la grosseur de l'arbre, et la quantité de scions (broco), que vous lui aurez mis. Dans quelques années, l'arbre ayant acquis une croissance, un développement importants, vous lui appliquerez alors une taille convenable et proportionnelle.

CHAPITRE VIII.

—

Le cerisier.

Quoique le cerisier dût plutôt prendre son rang dans l'article consacré au fruitier, je crois devoir en parler séparément et en même temps que les arbres que je viens de mentionner ci-dessus; une grande partie de ces cerisiers se

trouvent radiqués dans les champs venus pour
la plupart naturellement, ou plantés isolément
par la main de l'homme.

On dit que Lucullus apporta de Cerasunte à
Rome, le premier cerisier qu'on y eût vu ; et
que de là cet arbre s'était répandu dans toute
l'Europe. Il appartenait au vainqueur de Mithri-
date, au roi des gourmets de doter nos contrées
de cet arbre à fruits agréables et exquis, inclinons-
nous devant la mémoire de l'illustre Lucullus,
qui a ainsi bien mérité deux fois de sa patrie.

Le cerisier vient par semis et s'obtient facilement par éclats de rejetons qui sont très
nombreux et presque toujours bien enracinés ;
mais il doit toujours être greffé, son fruit à l'état
primitif est exigu, amer et désagréable au goût.

Il croît généralement partout dans la Provence ; seulement ses fruits sont plus abondants
et mieux nourris, lorsqu'ils proviennent d'un
plant prenant sa nourriture dans un terrain
gras, et surtout arrosant.

C'est l'arbre qui donne incontestablement la
plus grande abondance de fruits, et il y en a

diverses espèces. Je me contenterai de désigner les principales et les plus recherchées, ce sont :

La cerise dite le gros bigarreau.

La cerise — bigarreau à cœur de pigeon.

La cerise noire qui sert à faire la confiture et un ratafia exquis.

La cerise ou bigarreau du 1er mai, qui est celle qui est appelée à jouer un rôle des plus importants comme produit.

Enfin une foule d'autres espèces que je passerai sous silence.

On plante les cerisiers à peu près de la même manière que l'amandier, c'est-à-dire, que l'on fait un trou ou fosse de 1 mètre de largeur et 50 centimètres de profondeur, s'il a été greffé à mi-tige.

On doit, les deux premières années de sa plantation, le faire élancer sur une tige, la troisième et quatrième sur deux et ensuite lui dire : à toi l'air, le soleil et l'espace, grandis comme tu l'entendras, et donne-nous des fruits autant que tu le pourras. Il est généralement reconnu que le cerisier veut être abandonné à

lui-même, et qu'il ne devient jamais aussi beau
que lorsque la serpette ne lui fait pas sentir sa
dent tranchante et meurtrière.

On greffe le cerisier à la fente en février ; à
la couronne et à l'écusson en mai ; et avec le
fruit en juin et juillet. Quand le sujet est assez
gros, le meilleur système pour le greffer est
celui de la fente en février.

On voit généralement en Provence des cerisiers au port majestueux, à taille gigantesque,
ne porter que des fruits exigus, tarés, vermineux, sans valeur et sans goût. Ces arbres
occupent souvent un terrain précieux, nuisent
aux céréales, aux arbres qui les avoisinent, et
ne donnent, somme toute, que des résultats à
peu près négatifs. Ne serait-il pas d'une meilleure agriculture et surtout d'une agriculture
plus productive de greffer ces arbres de production équivoque et mettre sur toutes leurs bran-
ches-mères des espèces connues et de bonne
qualité, d'une vente facile, d'un goût exquis et
alors d'un prix toujours élevé ?

Dans quelques années ces arbres seraient

métamorphosés, donneraient un rendement extraordinaire qui dépasserait, de beaucoup, celui des oliviers, des figuiers et autres, et deviendraient ainsi des arbres aussi utiles qu'agréables.

Je connais deux propriétaires au Luc (Var) qui ont eu l'heureuse idée de greffer, chacun, un cerisier d'un certain âge et à nombreuses tiges ; ils ont mis sur cet arbre des scions (brocos) de l'espèce dite cerise du premier mai. Aujourd'hui chacun de ces arbres rend annuellement 150 fr. Ces cerises sont vendues, chaque année, à 2 fr. 50 cent. et 3 fr. le kilog. Elles sont enfermées soigneusement dans de petites caisses, transportées une partie à Paris, et l'autre à Londres, où elles sont vendues à 25 fr. le kilog.

Trouvera-t-on un arbre dans les champs qui puisse rivaliser le cerisier donnant ce fruit là ? Je ne le pense pas, et vous tous qui pourrez me lire vous partagerez mon opinion.

Propriétaires, qui possédez des cerisiers ne portant que des fruits communs et pour ainsi

dire sans valeur, n'hésitez pas à greffer immédiatement l'espèce dite la cerise du premier mai.
Ces arbres acquerront une valeur élevée, et
prendront un rang réel dans le rendement de
votre terre.

, J'engage vivement les propriétaires à cultiver avec soin ces arbres, à espèces précoces, à
en planter de grandes quantités. Le fruit est
très recherché et le prix est et sera longtemps
encore phénoménal ; je crois dès lors utile,
pour les engager à suivre mes conseils, de donner un aperçu sommaire du produit que peut
donner une plantation de cerisiers précoces.

: Prenons seulement un hectare de terrain.
Cet hectare sera divisé et planté à couloirs à peu
près semblables à ceux de la vigne, c'est-à-
dire, à 5 mètres de distance. L'hectare contiendra 21 couloirs. Les cerisiers placés à 5 mètres
de distance, trouveront leur place dans la
filagne, au nombre de 20 ; 21 filagnes exi-
geront 440 cérisiers. Rien ne vous empêche de planter dans l'intervalle et au milieu
à 2 mètres 50 cent., un pêcher. On sait que

le pêcher n'a qu'une existence très courte et meurt toujours avant que les branches ou raci-nes des autres arbres aient atteint un dévelop-pement auquel il pourrait nuire quelquefois, si sa durée n'était pas si limitée.

Ces 440 cerisiers, après 8 ans de plantation, vous donneront à coup sûr, 5 kilog. de fruit par arbre, qui vendus seulement à 2 fr. représen-teraient la somme de 4,400 fr. et seulement à 1 fr., 2,200 fr.

Ce produit peut paraître aux yeux de certains retardataires, fabuleux, impossible à obtenir, être taxé d'exagération et d'ignorance en agri-culture, et cependant si on prend la peine de réfléchir, on trouvera que la réalisation est fa-cile, et l'exactitude réelle, incontestable. Les chemins de fer transportent dans 20 heures, à Paris, ces fruits précoces, naturels, venus en plein soleil, en pleine atmosphère, et 6 heures après, ils sont à leur tour à Londres. Eh ! qui peut ignorer que dans ces grands centres l'or coule à pleines mains, que la fortune s'allie au goût, et que les primeurs vraiment naturelles n'ont pas de prix pour les riches et les vrais gastronomes. Au reste, qui de nous n'a pas payé dans les hôtels de Toulon ou de Marseille, une pèche 50 centimes, et 5 à 6 cerises précoces aussi 50 centimes, il n'y a donc rien d'extraordinaire que ces fruits se paient à Paris, 25 fr. le kilog. et puissent se vendre 2 fr. dans la Provence qui a la spécialité du climat.

Propriétaires ! plantez, plantez sans hésiter des cerisiers dits du premier mai, le résultat dépassera votre attente, vos prévisions et augmentera presque sans frais de culture et d'une manière certaine, le produit annuel de votre terre.

Le bois de cerisier est précieux pour l'ébénisterie; on en fait des meubles, de petits ouvrages de tour qui sont l'ornement des salons, et font surtout les délices du sexe féminin qui se plaît à les répandre avec coquetterie, et avec un tact particulier, dans les chambres et les boudoirs.

CHAPITRE IX.

—

Le produit d'une terre de 20 hectares, nue et non complantée est facilement et vite connu.

On sème chaque année 10 charges de blé ou 19 hectolitres, qui produisent ordinairement le 5 p. 1 de semence, ou 50 charges, bon an, mal an.

Il faut prélever les semences 10 charges, la moitié pour les travaux 20 charges, reste donc 20 charges qui vendues à 40 fr. la charge ou les 160 litres représentent une somme de 800 fr., ci . . . . 800 fr.

Herbes d'hiver, fèves, pommes de terre, haricots blancs et petits, je force le total, 300 fr., ci 300

TOTAL . . . . . . 1100 fr.

A coup sûr vous ne trouveriez que difficile-
mént une ferme dans la Basse-Provence de la
contenance de 20 hectares, à terrains nus, et
produisant le 5 p. 1 en blé, au prix de quarante
mille francs. Vous auriez donc placé vos fonds
au 2 1|2 p. 0|0. Aux yeux de l'immense majo-
rité vous auriez fait là une mauvaise affaire.

Possédez les plus simples éléments d'agriculture, soyez actifs, mettez-vous résolument
pendant quelques années à la tête de votre
ferme, et suivez les conseils que je vais vous
donner, cet achat au lieu d'être onéreux de-
viendra une brillante affaire.

Vous planterez aussi promptement que possible 1° trois cents mûriers, le long de vos fossés
ou de vos chemins qui longent et traversent
votre ferme, le coût de ces plants sera de 1 f. 50
(plantation et mûriers compris) ou
450 fr., ci . . . . 450 fr.

2° Vous planterez aussi au pousse
avant 16 hectares de vignes à cou-

A reporter . . . . . 450 fr.

Report . . . . . . 450 fr.

loirs de 5 mètres de distance qui vous
coûteront cinq centimes par plant ou
43,000 plants à 5 c., 2,150 fr., ci. 2,150

3° Piochage et binage de 2 ans à
1500 par journée 155 fr., ci. . . . 155

4° A la troisième année, ils vous
paieront bien et largement les frais
de binage et de piochage, vous aurez
encore ajouté à votre capital une dépense de 2,755 fr.

TOTAL. . . . . 2,755 fr.

A l'âge de dix ans vos vignes seront à peu
près en plein rapport et vous produiront 432
hectolitres de vin, qui vendus seulement à 10 f.
l'hectolitre, vous donneront un revenu annuel
et assuré de 4,320 fr., ci . . . . 4,320 fr.

Les mûriers ont aussi grandi, ils
peuvent facilement donner à cet âge
de 10 ans 10 kilog. de feuilles par
chaque arbre, ou 3,000 kilog. quan-

A reporter . . . . . 4,320 fr.

Report . . . . . . 4,320 fr.

titéqui représente la feuille nécessaire
à la nourriture de 4 onces de vers à
soie (ou 100 grammes); il est à supposer que cette récolte pourra encore
donner d'excellents résultats ; mais
prenons-là telle quelle est aujourd'hui,
et estimons que chaque once ou 25
grammes ne donnent que 12 kilog.
de cocons ; les 4 onces donneront donc
48 kilog. et à 5 fr. le kilog. 240 fr.
la moitié sera de 120 fr., ci.   120

Sur les 4 hectares non plantés vous
pourrez établir un fruitier, le potager que vous aurez le soin de changer
chaque année et faire ensuite une
foule de petites récoltes qui entretien-
nent les besoins d'une ferme et viennent en aide aux dépenses domestiques
et journalières d'un ménage que j'évalue à 100 fr., ci.   100

      Total 4,540

Avec le produit du blé et autres récoltes que
nous avons évaluées à 1,100 fr. auquel il
faut ajouter les 20 charges de blé, c'est-à-dire,
800 fr. , vous pourrez faire tous les travaux
qu'exige l'exploitation de votre ferme , il vous
restera bien net le produit du vin, de vos mûriers, de votre fruitier et de votre potager, vous
donnant le total de 4,540 fr.

Ce sera donc un placement au 9 p. 0|0 que
vous aurez fait, et ce terrain sur lequel vous
aurez jeté à propos 4 ou 5000 fr. aura triplé sa
valeur.

Il vaudrait encore mieux , et ce serait d'une
agriculture plus intelligente et plus productive
d'appliquer à cette ferme le système suivant.

On planterait 10 hectares par couloirs de
deux mètres de distance ; chaque hectare con-
tiendrait alors 50 filagnes , sur un seul rang de
vignes bien entendu , et chaque filagne , contenant à son tour 133 plants , donnerait un total
de 6,650 plants par hectare et les 10 hectares
66,500 plants.

Dans ces filagnes ainsi distancées à 2 mètres

on laboure avec la charrue à deux colliers, les chevaux attelés l'un devant l'autre, aux deux premières raies, et à la troisième avec un cheval attelé à la petite charrue; on renonce alors à tout ensemencement. Par ces labours fréquents et renouvelés ainsi plusieurs fois chaque année, vous tenez votre sol dans un état de propreté irréprochable, vous le fertilisez en le faisant jouir de tous les bénéfices atmosphériques, et vous détruisez à la lettre, toutes les mauvaises herbes ou plantes qui fatiguent les vignes et leur nuisent horriblement.

Vous ne vendangeriez alors, que lorsque les raisins seraient arrivés à leur parfaite maturité, n'ayant plus le souci des semailles à faire sur ces terrains ainsi plantés.

La vigne vous donnera, à coup sûr de beaux et bons résultats, bien autrement importants que ceux que vous pourriez obtenir dans les couloirs semés un autre non, et surtout dans ceux qui sont semés en plein.

Les autres 10 hectares vous donneraient facilement, avec un bon assolement, le foin et la paille nécessaires à la nourriture de vos deux chevaux.

Vous sèmerez encore annuellement 5 charges de blé, (8 hectolitres) sur vos 10 hectares ; mais le terrain serait mieux labouré, mieux amendé, mieux fumé, et à son tour, au lieu de produire le 5 p. 1 de semence, il produirait le 8 ; et vous auriez ainsi presque la même récolte en blé et 1|3 de vin en plus, car au lieu d'avoir 432 hec-tolitres vous en auriez alors 665.

Les 35 charges de blé (semences prélevées), représentent la somme de 1400 fr., à laquelle vous réunirez celles provenant de divers autres petits produits formant ensemble 520 fr. ou total 1,920 fr. Ces 1,920 fr. vous paieront bien largement, et au-delà, tous les travaux de culture généralement quelconques, et il vous restera net et franc le montant de 665 hectolitres de vin, qui vendu à 10 fr. l'hectolitre, donnera 6,650 fr. et à 27 fr. l'hectolitre, cours actuel, 17,550 fr.

Maintenant, propriétaires qui avez des oreil-les, entendez... qui avez des yeux, voyez...

Il n'y a point à s'y méprendre, l'agriculture faite avec intelligence et avec une économie rationnelle, est un commerce aussi dont le gain est presque toujours assuré, et n'exige pas cette grande perspicacité qui parfois est mise en défaut et fait éprouver des secousses et des revers terribles.

Résumons en quelques mots la culture et le produit des arbres et arbustes que nous venons de désigner. La vigne est et sera encore long-temps d'un produit précieux et le plus élevé en agriculture, surtout dans le Var ; on doit la planter partout où l'on peut, la dépense qu'elle exige avec le cours actuel, est de 1 fr. sur 20 de produit. Ses racines sont traçantes, et elles sont épuisantes, il faut venir au secours du sol par de bons labours, par des engrais végétaux et animaux ; une taille convenable et proportionnelle à la force de chaque pied de vigne, un piochage sérieux et fait à propos suffiront à la faire prospérer et durer pendant de longues années.

L'Olivier est un arbre précieux pour certains

pays et principalement pour les pays accidentés et montagneux, mais les frais de culture sont grands et lourds, sa récolte est chanceuse, presque toujours bisannuelle et souvent trisannuelle ; et son produit ne dépasse pas 12 francs sur 20, la taille ou l'élagage, les labours et l'engrais lui donnent la vigueur et la vigueur amène toujours le fruit.

Le Mûrier ne doit pas être proscrit, condamné à mort, il a pour le moment le sort de certaines choses ; il reprendra, comme ces choses, croyez-le bien, tôt ou tard sa large part de pouvoir et répandra de nouveau dans la Provence la richesse et le bien être. Il ne vous demande rien, je me trompé, il vous demande tous les quatre ou six ans, une taille sévère, et les frais de cette taille sont largement compensés par le bois qu'elle vous donne. Il a parfois encore un produit séricicole et est toujours une bonne nourriture pour les bœufs, les vaches et les brebis. Ses racines sont très traçantes et s'étendent à une distance réellement extraordinaire, elles sont moins épuisantes que ce qu'on le croit, précisément parce que traçant un peu partout, elles prennent aussi un peu partout leur nourriture, et le sol qui le nourrit et qui l'avoisine est moins fatigué.

Le Figuier a aussi un produit et une utilité réels, et est appelé à augmenter encore de valeur ; si ce n'étaient les pluies de septembre, ce serait un arbre des plus productifs, il fait des fruits à profusion, et si ces fruits pouvaient se sécher complètement, à coup sûr, un figuier de grosseur ordinaire rendrait 10 fr. par an. Il faut le faire élancer étant jeune, et arrivé à un certain âge ne pas lui couper de grosses branches, se contenter de lui enlever ses brindilles mortes ou trop touffues, et les rejetons dont il n'est pas avare. Ses racines sont nombreuses et traçantes, mais on ne peut pas dire qu'elles soient épuisantes, puisqu'on voit souvent le figuier se marier avec la vigne et mélanger avec plaisir leurs fruits abondants.

L'Amandier est très agreste, n'exige aucune culture et donne souvent une bonne récolte. Sa racine est pivotante et ne prend que peu au sol.

Le Noyer à son tour est très productif, le bois
et le fruit sont précieux ; un noyer ou un
amandier ayant de 30 à 40 ans donneront un
rendement trois fois plus élevé qu'un olivier
ayant un âge semblable. Plantez des amandiers
et des noyers ; il faut avoir le soin en plantant le
noyer de faire élancer autant que possible sa
tige-mère, pour que l'air et le soleil arrivent
sur le sol qui le nourrit, et alors son voisinage
est moins pernicieux.

Greffez partout où vous aurez des sujets de
poiriers sauvages, mettez sur ces plants les
meilleures qualités de poires d'été et vous aurez
ainsi, à peu de frais, réuni l'utile à l'agréable,
qui vous donnera le plus grand produit. N'ou-
bliez pas non plus le cerisier du premier mai.

Et ces plantations de tous genres faites avec
intelligence, à propos, et en lieux convenables,
aidées par une bonne culture, rendront votre
terre riante, productive et d'un séjour délicieux
et bien aimé.

Je crois devoir arrêter ici mes détails et mes
observations sur les arbres à fruits ; j'ai parlé

de préférence dans le tome 2ᵐᵉ de la vigne, de l'olivier, du mûrier, du figuier, du noyer et du poirier sauvage, et du cerisier, parce que les espèces ou qualités, sont en contact fréquent avec l'agriculteur, qu'elles exigent presque chaque jour, ses soins, ses travaux et ses bras. Je traiterai des autres dans le tome 3ᵐᵉ qui est intitulé de l'horticulture, des arbres fruitiers et des arbres en général.

Je terminerai aujourd'hui le tome 2ᵐᵉ par quelques considérations sur l'avantage qu'offre le cheval, sur le mulet et le bœuf, dans l'exploitation d'une ferme agricole, sur le mauvais système que suivent certains ménagers et certains propriétaires relativement à l'entretien d'un surcroit de bêtes de labours, vraies bouches inutiles; sur ce que peuvent facilement et haut le pied, labourer deux chevaux; par un tableau explicatif des diverses mesures usitées dans le Var; et par le vœu de la création d'un marché central, enfin par un mot sur la tenue, le mode d'affermer les terres, sur les cultivateurs et les travailleurs.

Y a-t-il avantage à remplacer les bœufs et les mulets par les chevaux, dans une exploitation agricole ?

Cette question paraît d'une valeur assez secondaire et d'une utilité assez vague, et elle a cependant une grande importance en agriculture, et je vais essayer de le démontrer.

Je ne songerai pas à contester et l'antiquité et le blason de la famille bovine ; je ne leur reprocherai pas de ne pas descendre en ligne directe de Robert Bruce ou de l'introuvable Pomponius Bassus, ils ont une origine plus certaine et plus antique, ils viennent directement des premiers Hébreux et voire même des Chinois.

Je sais que le bœuf a été le compagnon inséparable des premiers pasteurs, je sais aussi qu'il a eu toute l'affection du romain Cincinnatus, plusieurs fois consuls ; je sais encore que les rois Francs l'attelaient de préférence, par prédilection, et par quatre à leur royale charrette. Malgré cette affection de haut lieu, malgré ce patronage si puissant et si antique,

je n'éprouve pour lui qu'une estime assez médiocre.

Oui ; il est noble tant que vous voudrez par
sa vieille race, par sa force brutale, mais il
tache son blason par ses défauts, par son ineptie
et surtout par sa désespérante lenteur.

Voyez-vous dans cette plaine ce laboureur
avec ces deux bœufs ? Vient-il vers nous ou va-
t-il en sens opposé ? Regardez bien et longtemps... allons... ne vous impatientez pas, avec
la patience vous parviendrez à reconnaître s'il
va vers le nord ou s'il se dirige vers le sud ?...
Oui ; je vois facilement le *facies* de l'homme, je
distingue l'élégante coiffure des bœufs, ils relè-
vent un de leurs pieds à chaque minute ; déci-
dément il vient vers nous, et en allant de ce pas
là, et Dieu aidant, il tracera bien une raie par
chaque heure de travail, et parviendra ainsi à
labourer dans tout le jour dix ares du terrain.

Voyez comme sa marche est grâcieuse, et
comme il se sert bien de ses jambes de derrière;
à un mètre de distance, il courbe les plants de

votre vigne bien aimée et vous l'écrase sous son pied pesant et volumineux.

Voyez aussi comme il est grâcieux dans ses jeux et dans ses escapades ; il vous présente avec une coquetterie toute particulière , ses cheveux longs et acérés, et malheur à vous si vous n'êtes armé d'un lourd bâton, ou doué des jambes d'un lièvre.

Quels sont ces cris déchirants et cette course effrayante ! c'est la fille ou la femme de votre fermier qui porte un jupon ou un mouchoir rouge, et comme cette couleur déplaît au bœuf, elle va être piétinée, moulue et peut-être tuée par ce noble animal.

Mais il ne rue pas au moins ; oui vous pouvez passer derrière lui tant que vous voudrez, mais si vous marchez côte à côte, il vous caressera avec son pied , et si vous ne connaissez pas l'effet produit par un coup de massue sur un de vos membres, vous le saurez exactement alors.

Oui ; ce sont bien là des défauts, mais qui n'en a pas. La perfection n'est pas dans ce bas monde. Au moins il est frugal ? il est sobre ?

Vous dites vorace et mangeant comme un bœuf, à la bonne heure.

Donnez-lui un grenier regorgeant le foin? Dans peu de temps il vous aura opéré un vide à faire plaisir.

Mettez-le au vert? Il ne s'accusera point comme l'âne de la fable d'avoir tondu d'un pré, la largeur de sa langue, il vous tondra chaque jour des cent mètres d'herbage et ne se rendra au travail que contraint et forcé. Ayez un arbre jeune, un mûrier, un arbre fruitier, auxquels vous teniez beaucoup? Aussi capricieux et plus destructeur qu'une chèvre, avec sa langue il vous brise les tiges, et les engloutit dans son estomac insatiable.

Somme toute dans le siècle où nous vivons, tout progresse, tout tend à aller vite, vite, et le bœuf ne peut et ne veut aller que lentement; il est en retard, il n'est plus à la hauteur de sa mission, il dégénère. Qu'il accepte alors son sort et se contente désormais de rester à l'étable. Là, il pourra savourer à satiété le plaisir de bien manger et surtout d'être engraissé; il déviendra alors d'une utilité incontestable et incontestée, en offrant aux masses, sa chair saine et tendre ; et aux gourmets son aloyau devant lequel je m'incline.

L'origine du mulet est assez obscure. Je n'ai jamais lu qu'un empereur, qu'un chef quelconque, que le moindre roitelet ait daigné l'enjamber. Il ne doit pas être non plus fier de sa naissance, car il provient d'un croisement, d'un mélange de races ; et Dieu en le créant lui a imprimé un cachet de punition, lui disant : tu ne procréeras point, et en signe de cette punition tu porteras les oreilles bien longues et toujours basses. Pourquoi Dieu lui a-t-il infligé cette punition ? C'est là un mystère pour moi et je ne saurais dès lors vous l'expliquer.

Têtu et vicieux il donne souvent et sans contrainte un libre cours à ses envies et à ses penchants.

Quels sont ces cris discordants et ces coups de fouet qui déchirent l'air et les oreilles ? C'est votre mulet qui s'est mis dans la tête de ne pas aller plus loin, et il faut une main habile et

pesante en même temps pour le faire changer
d'idée , et surtout être aussi entêté que lui pour
lui faire reconnaître qu'il doit obéir ; ce qui
n'est pas précisément une petite besogne.

J'entends tempêter et jurer dans les écuries ;
qu'est-il donc arrivé? C'est votre mulet qui a
failli briser la jambe de son conducteur , grâces
à Dieu , nous en sommes quittes pour la peur ,
n'en parlons plus. Huit jours après , vous entendez des cris sourds et plaintifs , c'est encore
votre mulet, qui cette fois-ci a réussi dans ses
projets perfides ; il vient, par un coup de pied,
de briser la jambe de votre domestique ; un ou
deux centimètres plus haut, le coup étendait
raide mort votre homme.

. Vous rencontrez sur la route par hasard un
cheval portant sur son dos une femme ou des
enfants ; votre mulet est pris subitement d'une
passion lubrique terrible, et se dressant sur ses
jambes de derrière, se précipite sur ce cheval.
Vous ne parvenez à le ramener à son devoir
qu'à grands coups de trique ou de fragments de

rocher ; heureux , si quelque malheur n'est pas
arrivé.

Avouez que ce sont là des émotions dont on
se passerait fort bien.

Mais il est sobre ? Pensez-vous par hasard le
nourrir avec de l'air et avec de vieux journaux ?
Essayez , la réussite serait curieuse ; mais ne
vous y trompez pas. Ayez un mulet de taille, et
vous verrez qu'il vous mangera autant qu'un
cheval de taille semblable ; et si toutefois il
existe une différence, ce que je n'admets pas ,
elle est annihilée par les mauvais penchants ,
par l'entêtement , par les ruades et par la lenteur du mulet.

Mais il est dur et résiste mieux à la fatigue ?
J'en conviens, mais avant expliquons-nous sur
le genre et l'espèce des fatigues.

Porter des poids lourds et considérables sur
le dos , par des sentiers à peine battus ou dans
des plaines fangeuses ; traîner des charrettes
par des chemins défoncés , du matin au soir ,
avec une pluie diluvienne ou avec une chaleur
tropicale. Voilà des fatigues peu ordinaires , et

je suis convaincu que le mulet s'acquitte là
parfaitement de sa tâche. Mais sont-ce là les fatigues qu'exigent les travaux d'une ferme
agricole ? Aux premières gouttes d'un orage,
les laboureurs s'empressent avec raison de ren-
trer leurs bêtes à l'écurie.

Le terrain est-il imprégné d'eau ? Il serait
d'une très mauvaise agriculture de chercher à
le défoncer, et les bêtes restent encore à l'écurie. Il pleut, repos. Les chaleurs sont accablan-
tes ? On laboure le matin et le soir avec la fraîcheur. Ainsi donc la dureté du mulet au travail
n'est presque d'aucune utilité pour l'exploitation
d'une ferme agricole, et on ne saurait, dans
aucun cas, la mettre à profit réel.

Je ne dirai rien sur l'origine du cheval, à sa
noble allure chacun la connaît ou la devine.
Compagnon et ami de l'homme, il ne demande
qu'à s'attacher à lui et à dépenser son intelligence, sa force et son activité à son service ;
parlez-lui, il vous écoutera, et même il vous
répondra ; commandez-le, il vous obéira à
l'instant ; marchez devant lui, il vous suivra

sans jamais vous quitter ; peu lui importent les travaux à faire, il est toujours disposé à vous obéir avec une égale promptitude.

Faut-il labourer, il laboure ; faut-il traîner la charrette, il la traîne ; mettez-le à votre véhicule de famille, comprenant alors toute l'importance de sa mission, il change d'allure et de pas, et se laisse conduire partout où vous le dirigez. Un geste, une parole lui suffisent pour savoir ce qu'il doit faire.

Parfois quelques espiègleries, quelques jeux de sa part, qui tendent à vous montrer sa joie et sa vigueur, mais jamais ou très rarement des projets homicides ; il pèchera parfois, il est vrai, par ignorance ou par oubli, et la correction la plus légère suffit pour le ramener à son devoir. En un mot, en ayant un cheval à votre ferme vous compterez un serviteur fidèle et dévoué de plus, qui ne pèchera jamais par la paresse ou par l'ingratitude.

En résumé un bœuf mange une quantité énorme de fourrage dans l'année, et même pour l'entretenir en bon état, il faut lui donner du sel et de la farine d'ers.

On ne doit pas tenir compte des repas qu'il prend aux champs, parce que ces repas, tout bien compté, sont plus coûteux que s'il les prenait à l'étable.

Il est trop lent et partant il fait peu de travail.

On ne peut guère l'utiliser que pour les labours.

Son fumier est sans force et de mauvaise qualité.

Un mulet de taille mange autant qu'un mulet de taille semblable.

Il est moins lent que le bœuf, mais il n'est pas, règle générale, assez leste pour tous les travaux agricoles.

Il est têtu par excellence et vicieux à effrayer.

Il est d'un commandement difficile et dangereux, et suscite à cause de ses vices et de ses instincts, des retards, des frais et souvent des sinistres.

On ne doit lui tenir aucun compte de sa dureté au travail, parce que dans l'exploitation d'une ferme, on ne le met jamais à une épreuve excessive.

Et pour en finir avec le mulet, on prétend et j'en suis convaincu, que le plus sage a tué son maître.

Le cheval, au contraire, réunit à l'élégance, la force et l'agilité ; il fait bien et vite tous les travaux agricoles.

Docile et intelligent, il est d'un commandement facile. Il est l'ami et le serviteur de l'homme.

Il remplit toujours deux buts : cultiver vos champs, et conduire votre voiture.

Ses engrais sont les plus violents et les meilleurs.

C'est donc le cheval, qui sous tous les rapports et à tous égards, doit être choisi pour l'exploitation d'une ferme.

Je ne veux pas terminer cette digression sans faire connaître l'étendue de terrain que labourent les quatre chevaux que j'entretiens, les semences qu'ils enterrent et le coût annuel de leur nourriture.

Ils labourent chaque année 28 ou 30 hectares de terrain complanté en vignes ou oliviers, et je ne sème jamais sans que le sol ait eu au moins trois coups de charrue.

En semant ils labourent au fourcas ou à la petite charrue à un collier, et je fais ainsi quatre araires ; je sème annuellement, devançant souvent mes voisins (sic), et ne leur en déplaise, 13 charges de blé ou soit 2,080 litres, 14 charges d'avoine ou 2,740 litres.

Ils me font en outre tous les travaux que nécessite ma propriété, et un d'entr'eux est souvent à ma disposition pour les affaires ou les voyages qu'exige la position d'un propriétaire.

J'ai calculé qu'ils mangeaient pour les entretenir en bon état, en fourrage (mêlé moitié foin, moitié paille) 12 kilog. par cheval. Les 4 chevaux 48 kil. par jour, et par année 17,368 kil. ou 450 quintaux dont 200 foin et 250 paille.

Je leur donne trois fois par jour 1 picotin ou 2 litres d'avoine, ou un panal 1|2 ou 24 litres par jour, et par année 87 hect. 84 litres ou soit 55 charges environ.

Donc chaque cheval mange 125 quintaux (mêlée) ou 5,000 kilogrammes.

Le foin à 3 fr. et 1 fr. 50 la paille les 40 k. (terme moyen) 2 fr. 25 cent., font un total de 251 fr. 25 cent.

14 charges d'avoine ou 2,240 litres à 18 fr., 252 fr., total 503 fr. 25 cent. ou soit par jour 1 fr. 40 cent.

Attelés à 7 heures du matin, durant les labours, ils quittent à midi, ils recommencent à 2 heures et continuent leur tâche jusqu'à ce que le soleil ait complètement disparu. Ils labourent ainsi, un jour non l'autre, un tiers d'hectare.

Pendant les semences, au jour ils sont attelés jusqu'à onze heures, ils vont au travail à une heure et continuent jusqu'à la nuit; ils enterrent ainsi facilement 12 panaux ou 192 litres de semence chaque jour, et 3 panaux ou 48 litres par cheval.

Je ne pense pas qu'il y ait des incrédules, si cependant il y en a, ils peuvent venir s'en assurer, (je leur offre de bon cœur mon hospitalité) et comme Thomas ils verront, ils toucheront et

ils reconnaîtront surtout qu'il serait bien difficile d'obtenir ce travail avec des mulets et tout-
à-fait impossible avec des bœufs.

Je vois une foule de ménagers ou de propriétaires n'ayant à labourer que 8 ou 10 hectares
par an, nourrir deux mulets et deux bœufs
pour faire ce travail ; d'autres ayant 12 ou 14
hectares employer quatre bœufs et deux mulets.
Il est vrai que mulets et bœufs restent à peu
près les deux tiers de l'année dans les écuries à
manger inutilement un fourrage précieux,
qu'ils sont levés de leur labour à chaque instant
pour des inutilités ou des misères.

Ne serait-il pas d'une meilleure agriculture
de n'avoir que deux bons chevaux, et de les tenir
constamment aux labours ? Ils s'acquitteraient
avec la plus grande facilité et haut le pied de
cette tâche, et le surplus du fourrage servirait
à élever des juments ou des ânesses poulinières,
et des vaches surtout, qui, outre le produit de
leur veau, donneraient du lait en abondance qui
servirait à la consommation de la ferme et à la
vente.

Je pose en principe et je donne comme une vérité que deux chevaux de la race dite percheronne ou de Saint-Bonnet, en les laissant, à partir du premier janvier jusqu'en septembre, au labour, donneront au sol trois coups de charrue par an, et je le prouve :

Admettons que dans chaque mois il n'y ait que vingt jours de travail à cause des intempéries de la saison et des jours fériés ; dans les neuf mois vous avez encore 180 jours de travail ; ils laboureront un tiers d'hectare par jour, ils resteront par conséquent 54 jours pour donner le premier coup de charrue.

Au deuxième ils ne resteront guère que 50 jours, et au troisième rien ne vous empêche de les faire labourer chacun à une petite charrue, ils vous feront deux fois autant de travail et ne resteront que 27 jours. Ce qui vous donne un total de 131 jours ; il vous restera encore cinquante journées environ, que vous utiliserez à des travaux divers, tels que charrier les gerbes, les fouler et vendanger.

En semant ils feront vos semailles facilement

dans trente jours, attelés au fourcas ou à une petite charrue à un collier.

Vous les aurez ensuite à votre disposition pendant les mois de novembre et de décembre, pour faire tous travaux et tous charrois que nécessitent les besoins de votre ferme.

J'ajoute que je connais divers propriétaires et agriculteurs intelligents, qui avec un fort cheval de la race que je viens de mentionner, labourent ou font labourer, chaque année, dix hectares de terrain ; ils donnent à ces dix hectares trois coups de charrue, et le cheval leur sert, en outre, à divers autres usages.

Que les propriétaires ou fermiers réfléchissent sur les considérations et sur les faits que je viens de leur soumettre, et ils seront convaincus de la vérité de mes assertions ; ils changeront alors, à coup sûr, leur système vicieux et coûteux, (l'entretien des bouches inutiles), ils atténueront leurs frais d'exploitation, ils augmenteront d'autant leurs revenus.

Ils feront en outre de la bonne agriculture et acte d'agronomes intelligents.

CHAPITRE X.

—

La lune.

Je ne crois pas devoir terminer ce volume sans parler de la lune qui, aux yeux de certains agriculteurs provençaux, joue un rôle principal dans tous les travaux agricoles et surtout dans la végétation des plantes et des arbres, qui la consultent avec une foi religieuse, robuste et digne d'un meilleur sort. La pauvre! ils s'obstinent à lui donner un pouvoir souverain qu'elle n'a pas, et elle se laisse faire, ne pouvant faire autrement.

Il existe donc un préjugé profondément enraciné, comme le sont au reste tous les préjugés, parmi les cultivateurs, sur la lune; et, chose pénible à dire, ce préjugé se trouve même accrédité auprès de certaines personnes ayant de l'instruction, de l'intelligence et une certaine position dans la société.

Malgré les écrits populaires du savant et illustre Arago, le compétent des compétents en cette matière, malgré les essais des grands maîtres de l'agriculture, malgré l'évidence et la facilité de l'épreuve, ils continuent imperturbablement à attribuer à la lune une influence sans borne, et ne font aucun travail agricole sans la consulter. Il faut être en contact avec eux et vivre pour ainsi dire de leur vie, pour avoir la mesure de leurs superstitions et de leurs idées grotesques et erronnées sur cette lune.

Faut-il tailler la vigne, les oliviers? Consultons avant tout l'almanach et sachons dans quelle période se trouve la lune.

Faut-il semer des pommes de terre? Courons à l'almanach.

Faut-il semer des haricots, des navets, des carottes même? Vite une nouvelle consultation.

Mais le temps presse, la sève et la chaleur vont arriver! La lune, la lune avant tout.

Quel est le jour de la semaine et comment est la lune? C'est un vendredi et la lune est nouvelle, lui répond-on ; alors je ne sème ni mon blé, ni mes fèves. L'autre ne veut pas cueillir ses figues un vendredi et la lune étant nouvelle.

La lune, dit l'autre, tourne à midi, allons vite à la besogne, enfouissons notre engrais avant midi, car à midi 1|2, cet engrais aurait perdu toute sa force, ne serait ni fertile ni de longue durée. *Risum teneatis ne...*

Et dire que, s'ils voulaient, ils pourraient chaque jour se convaincre des effets négatifs de la lune, par les expériences les plus faciles et les moins coûteuses. Ces expériences les voici :

Quand ils sèment des pommes de terre, ils n'ont qu'à choisir un carré, et dans le carré faire deux raies de pommes de terre en lune vieille, et deux jours après les deux autres raies en lune nouvelle ; et à leur maturité, ils s'assureront, sans effort d'intelligence, s'il y a la moindre différence dans les résultats.

Qu'ils taillent en février 25 vignes en lune vieille, 25 autres en lune nouvelle de la même filagne, et une autre non, ils s'assureront quel-

ques mois après, s'il y a la moindre différence
dans le bois et dans le fruit.

Qu'ils prennent quatre oliviers aussi rappro-
chés que possible, radiqués sur le même sol, de
la même espèce ; qu'ils les taillent aussi en février, qu'ils fassent la même expérience que
pour la vigne, et ils acquerront la certitude que
l'année d'après leur végétation sera parfaitement
égale.

Je vais plus loin, serait-il même reconnu que
la lune aurait une influence sur les arbres, elle
serait nulle à l'époque de la taille. En effet, en
janvier ou en février, époque où vous taillez la
vigne ou les oliviers, ces arbres sont en quelque
sorte morts, il n'y a plus chez eux ni mouvement, ni vie ; ils sont à cette époque tout-à-fait
inertes. L'influence de la lune ne peut ration-
nellement se faire sentir en ce moment là, mais
seulement au moment où la sève, la vie revien-
dront à l'arbre. Et quel sera l'agriculteur assez
puissant et assez habile, je vous le demande,
pour pouvoir faire coïncider à heure fixe et deux
ou trois mois à l'avance, la lune, et la taille

avec l'arrivée de la sève, tout comme on précise l'heure exacte de l'arrivée d'un convoi du chemin de fer.

Feu mon beau-père Gasquet, qui était un agriculteur très intelligent, avait des impatiences et des crispations nerveuses chaque fois qu'il entendait ses domestiques ou ses journaliers vouloir consulter la lune ; et il leur disait avec un calme mal déguisé : — Dis-moi donc, mon brave, lorsque ton père et ta mère t'ont mis au monde, ont-ils consulté la lune ? — Je ne pense pas, lui répondait-on, un peu abruti par cette demande. — Eh bien, alors, imbécile, pourquoi la consultes-tu à chaque instant ?

Agriculteurs qui avez encore la bonhomie de croire aux influences de la lune, faites de bonne foi les essais si simples et si faciles que je vous propose, et vous serez fermement convaincus de ses effets négatifs ; vous ne retarderez plus alors vos travaux agricoles, vous les ferez au contraire, en temps et lieu, c'est-à-dire, en leur vraie saison, et vous obtiendrez des résultats bien plus satisfaisants.

Croyez bien que tout le pouvoir et toute
l'utilité de la lune consistent à vous prêter le secours de sa clarté le matin avant le jour , quand
des affaires importantes vous appellent au loin ,
et le soir pour regagner vos foyers, lorsque
vous vous êtes attardés par vos travaux agricoles.
Vous vous débarrasserez ainsi d'un préjugé et
vous aurez fait un pas de plus dans la voie du
progrès et de l'agriculture.

CHAPITRE XI.

—

LA MANIÈRE D'AFFERMER UNE PROPRIÉTÉ.

On sait généralement en Provence de quelle
manière se font les baux avec des fermiers ;
cependant comme il y a tous les jours des propriétaires jeunes qui débutent dans la vie agricole , des négocians qui quittent le commerce ,
et des fonctionnaires qui acquièrent par achat
ou par succession des propriétés, je crois devoir

donner quelques détails sur les clauses les plus générales, relatives à ces baux.

Les propriétés ne s'afferment en Provence que de deux manières : à rente fixe, et à mi-fruit ou à la moitié.

A rente fixe le fermier donne un prix convenu annuel et à des époques désignées, et toutes les récoltes qu'il obtient dans la propriété lui appartiennent.

Le propriétaire doit toujours insérer dans ce bail les clauses suivantes :

Que les terres ne seront jamais surchargées.

Que la vigne sera taillée conformément aux règles et usages de la localité ; qu'on ne lui laissera que les sarments strictement nécessaires ; qu'elle recevra en outre les labours désignés et voulus en temps convenable.

Que les oliviers seront taillés en temps et lieu et que le fermier les laissera à l'expiration du bail, dans l'état où il les a trouvés, c'est-à-dire, taillés ou émondés, telle parcelle depuis 4 ans, telle autre 2 ans, etc. etc.

Si le fermier trouve des prairies et qu'il défriche durant le cours de son bail, il doit en laisser pareille quantité à l'expiration dudit bail, et du même âge.

Dans ces baux l'œil du maître n'est pas toujours indispensable, parce que le fermier est intéressé à bien cultiver pour faire rendre à la terre le plus possible, tout le produit lui appartenant. La surveillance doit principalement s'exercer sur les genres de semences et de produits qui trop multipliés ou négligés pourraient épuiser et le sol et les arbres.

Habituellement les capitaux sont fournis par le propriétaire et repris à l'expiration du bail, à dire d'experts.

BAIL A MI-FRUIT OU A LA MOITIÉ.

Le bail à mi-fruit consiste à donner la moitié de la récolte à un fermier qui fait à ses frais la plus grande partie des travaux pour obtenir les dites récoltes.

Presque chaque propriétaire introduit des clauses particulières dans les baux de ce genre, et ces clauses varient aussi suivant la nature du terrain, du climat et des récoltes en général.

Il est donc difficile d'établir des règles sûres et invariables, et si j'avais à affermer ma propriété, voici les accords que je ferais avec mon fermier, ces accords me paraissant les plus rationnels et sauvegardant les intérêts réciproques.

Le blé à la moitié ainsi que toutes les autres récoltes en céréales ou en légumes.

Les olives à la moitié.

Le vin de 5, 2 pour le fermier et 3 pour le propriétaire.

Et ce qui vaudrait mieux faire comme certains propriétaires de Besse et de Flassans, qui donnent au fermier 20, 30 charges de vin, suivant l'étendue des vignes, et ce fermier est obligé de labourer la vigne, de la déchausser, de porter les raisins à la cuve et de mettre le vin dans les tonneaux qui reste la propriété du maître.

Les herbes d'hiver à la moitié.

La paille doit toujours se consommer à la ferme.

Le foin, s'il y a excédant, serait vendu de moitié, ou ce qui vaudrait mieux servirait à nourrir des juments et des ânesses poulinières, et leur produit serait vendu de moitié.

Les semences seraient fournies de moitié.

Les capitaux vifs, à la moitié, c'est-à-dire, que j'aurais la moitié de l'augmentation ou de la diminution pendant toute la durée du bail.

Capitaux morts tels que charrettes, charrues, attraits aratoires, etc. etc., donnés et repris à dire d'experts.

Les impositions à la moitié.

Le sarclage des céréales ou des légumineux, à la charge du fermier.

La taille et l'élagage des oliviers, à la moitié.

La vigne, si elle était donnée de 5—2, tous les frais de culture à la charge du fermier.

Les labours, à la charge du fermier, et fixer l'époque à laquelle ils auront lieu et se réserver de surveiller la taille.

Renouveler de temps à autre les prairies. Le fermier fournirait le travail, et le propriétaire la graine.

Défense expresse de surcharger les terres, et surtout celles qui sont plantées.

Obliger le fermier à faire une certaine quantité de litière dite (appayun), et lui payer quelques journées de femme pour cela faire.

Ne semer que tous les quatre ans la même espèce de blé sur le même terrain, c'est-à-dire, que là où vous faites du blé blanc, deux ans après vous y sèmerez du blé rouge.

Faire mettre l'engrais de préférence aux vignes et aux oliviers.

Se réserver le droit exclusif de désigner les endroits où l'engrais devra être mis.

Ne pas laisser fumer un terrain gras pour faire le pasquié, mais un terrain de qualité médiocre.

Le jardinage à la moitié et changer chaque année de terrain.

La volaille à la moitié, désigner la quantité de poules et se faire donner telle quantité d'œufs.

Le propriétaire doit s'obliger à fournir à ses frais une charge de pezotes, chaque année, et le fermier serait obligé de les semer, et de les enfouir vertes au moment de leur floraison.

Avec un bail conçu à peu près dans ces termes, le propriétaire verrait sa propriété produire sans s'épuiser, et le fermier pourrait cultiver bien et avec bénéfice.

LES GRANGERS.

Les grangers se louent à l'année, et n'ont rien à voir aux récoltes ; ils reçoivent le prix de leur travail en argent, ou partie en argent et l'autre partie en denrées.

En argent, le prix varie de 600 à 650 fr.

Partie en argent de 300 à 350 fr.

Denrées qui composent la pension :

Une boute de vin qui varie de 530 à 500 litres suivant les localités, prix.	130 fr.
Trois charges de blé ou 480 litres, à 40 fr. les 160 litres.	120
Un double décalitre d'huile, à 25 fr.	25
Trois panaux haricots blancs ou petits (48 litres).	18
Seize kilogrammes sel.	3
TOTAL.	296 fr.

11

On leur permet de semer pour leur usage
personnel un panal ou 16 litres de fèves.

On leur donne aussi 250 ou 300 mètres de
terrain (60 ou 70 cannes) pour faire leur jardinage et qu'ils soignent ou cultivent le dimanche.

Les valets ou domestiques sont habituellement nourris par les propriétaires, et lorsqu'on
les donne au granger on fournit à ce dernier la
pension alimentaire ci-dessus mentionnée. Leurs
salaires varient de 20 à 25 fr. par mois.

LES JOURNALIERS.

Les journaliers sont les hommes qui viennent
à la tâche et au jour le jour, vous aider à faire
vos travaux agricoles. Ils arrivent, règle générale, à huit heures du matin et quittent à cinq
heures du soir, se reposant une heure à midi.
La tâche ou journée se compose de huit heures
de travail et le prix est de 2 fr. 25 à 2 fr. 50 c.
suivant les époques. Chaque heure de travail
revient à 30 centimes environ.

Depuis quelques années, les piémontais
viennent au secours de l'agriculture. Si ce

n'étaient ces étrangers, la moitié des cultures
à bras resteraient inachevées en Provence; et
quoique payant à des prix très élevés, le propriétaire ne pourrait parvenir à faire ses travaux
agricoles d'une manière convenable ; les bras
des localités étant insuffisants. Ces piémontais
ont moins d'adresse et de goût que nos journaliers, mais presque tous ont l'envie d'apprendre;
et après quelques jours d'essais et de leçons, ils
se familiarisent avec la plus grande partie de
nos travaux agricoles.

CHAPITRE XII.

—

ENCORE QUELQUES MOTS SUR LA VIGNE ET SUR LE MEILLEUR MODE DE PLANTATION COMME PRODUIT.

Je l'ai déjà dit plus haut la vigne sera encore
longtemps et pour mieux dire sera toujours le
plus riche produit en agriculture. Ni le blé, ni
l'huile ne peuvent être mis en parallèle ; et les
prairies, en face des prix actuels de nos vins,

ne peuvent pas rivaliser avec cette vigne et sont
inférieures en rendement d'une manière sensi-
ble aux yeux de tout agriculteur intelligent,
qui veut prendre la peine de réfléchir sérieuse-
ment à ce que je viens d'avancer.

Il est par trop facile de se rendre un compte
précis et réel du rendement d'un hectare en
prairie ; mais il est bien plus difficile d'établir
d'une manière exacte celui d'un hectare planté
de vignes, à cause de la nature des terrains, de
leur exposition, du mode de plantation et de la
qualité des vins qui diffèrent essentiellement de
goût, de qualité et partant de prix.

Je vais cependant dans quelques mots, essayer
de déterminer le produit d'un hectare de terrain
planté par couloirs de 2 mètres 50 cent. de distance, d'une manière aussi exacte que possible
basant mes calculs sur mes expériences et mes
remarques. Je vais aussi essayer de prouver en
même temps qu'un terrain gras, serait-il même
d'alluvion, n'est pas supérieur en revenu à un
terrain de qualité médiocre, dès que l'un et

l'autre sont plantés dans les mêmes conditions, c'est-à-dire, par couloirs de 2 mètres 50 cent.

Dans un terrain gras et d'alluvion, on peut obtenir sans nul doute des produits très élevés. Un pied de vigne en plein rapport peut donner annuellement en vin 2 litres 1|2. Admettons que ces terrains soient plantés par couloirs de 2 mètres 50 cent., l'hectare contiendra plus de 5,000 pieds de vigne et peut produire 125 hectolitres de vin. Ce vin vendu à 18 ou 20 fr. l'hectolitre (ne parlons pas de la chaudière qui souvent est son seul débouché) donnera un total en espèces de 2,500 fr. revenu réellement prodigieux. C'est ce que voyant bien, certains propriétaires ou agriculteurs de Carcès, Besse et autres localités, se sont décidés à planter leurs terrains de première qualité et même hors ligne. Et avec une étendue très restreinte, ils récoltent une quantité extraordinaire de vin.

A côté de ce produit étonnant, il y a pour la plupart de ces terrains qui se trouvent presque toujours dans les bas fonds, dans les vallées profondément encaissées, sur les bords ou à

proximité des rivières ou des cours d'eau, l'inconvénient sérieux des gelées, du coulage et de
la non maturité d'une partie des fruits, et des
pluies, qui souvent et chaque année font éprouver une diminution, une perte réelle de récoltes et que j'évalue à un cinquième. Le produit
se trouve donc réduit à fr. 2,000, frais tous
prélevés 200 fr., reste la somme ronde de
fr. 1,800 par hectare.

Un terrain de qualité médiocre, maigre,
mais bien abrité et à exposition chaude ne donnera point une quantité pareille à celle des
terrains ci-dessus désignés. Mais la qualité dans
ces terrains suppléant largement à la quantité,
donne en réalité les mêmes résultats. Les fruits
provenant de ces vignes à sol maigre sont toujours cueillis à parfaite maturité. Le terrain et le
soleil développent à un haut degré le bouquet des
cépages ; la gelée n'est presque pas à redouter
et les pluies jamais. Le propriétaire par quelques soins intelligents et par une bonne manipulation, peut obtenir facilement des vins bien
supérieurs en couleur et en goût, dont la vente

est facile et est d'un prix plus élevé que celui des vins provenant des terrains gras.

Ces terrains de médiocre qualité, qui jadis étaient sans valeur et méprisés, qui étaient d'un revenu négatif en agriculture, qui faisaient pour ainsi dire la honte de nos belles contrées, deviennent, par une plantation de vignes faite à propos, d'un produit extraordinaire. En effet, prenons encore un hectare de terrain que nous planterons également par couloirs de 2 mètres 50 cent. de distance ; l'hectare contiendra aussi 5,000 pieds de vigne. Ces pieds en plein rapport, ne vous donneront chacun qu'un litre et 50 hectolitres par hectare. Mais au lieu de vendre ces vins à 18 ou 20 francs, vous les vendrez au prix de 30 ou 35 fr. ; car grâces à Dieu, les acheteurs commencent à établir des distinctions sérieuses et sévères sur les qualités. Vous aurez ainsi un produit annuel presque assuré, (en tant que les vins se vendront aux prix actuels) de 1,700 fr. environ. Frais de tous genres 200 fr. reste la somme de 1500 fr.

Produit d'un hectare d'un terrain

gras . . . . 1,800 fr.

Produit d'un hectare d'un terrain

maigre 1,500
_____
Différence . . . .   300 fr.

On ne peut trouver à acheter ces terrains gras, nus et de première qualité que très diffilement et presque jamais en dessous du prix de 10 ou 12,000 fr. l'hectare.

Vous achèterez facilement au contraire les terrains nus, de qualité médiocre au prix de 1,000 fr. Cette différence dans les prix établit une balance à peu près égale entre les deux revenus respectifs, à quelques francs près.

Il est oiseux de dire, et riches et pauvres savent par expérience qu'il est plus facile d'avoir à sa disposition 1,000 fr. que 12,000.

Il est vrai, d'un autre côté, que les terrains médiocres nécessitent presque toujours pour leur plantation, une dépense plus grande que les terrains gras et fertiles, mais cette dépense en plus, qui souvent est très minime, n'est-elle pas compensée par la facilité de la vente de votre bonne qualité de vin, qui est et sera toujours très recherchée ; en cas de mévente ou faute de demande, par la sécurité que vous laissent ces vins sur leur parfaite conservation, enfin par cette satisfaction personnelle d'avoir des produits supérieurs.

Mais on dit que les vignes plantées dans les terrains de qualité médiocre ont une durée plus limitée que celles plantées dans les terrains gras et fertiles.

Cette objection n'est pas sérieuse, et l'on n'a qu'à se transporter sur les sols calcaires, argileux, schisteux et même rocailleux, (à l'exception des sols sablonneux) et l'on acquerra la certitude que des vignes encore très vigoureuses, quoique datant de 70 ou 80 ans, donnent encore d'excellents résultats, ne sont pas au bout de leur carrière et de leur production, et que l'on peut même, sans crainte de se tromper, leur prédire qu'elles arriveront à la centaine ; et je ne sâche pas que dans les terrains gras, qui pour la plupart ont un sous sol sablonneux, les vignes dépassent cette limite d'âge.

On me dit encore : si vous plantez toutes vos terres par couloirs de 2 mètres 50 cent., il faut renoncer à tout ensemencement, et où prendrez-vous alors la paille qui est indispensable dans les fermes à la nourriture des bêtes de labour, à la litière, aux engrais ? Je réponds : dans les fermes seulement, vous choisirez quelques carrés de terrain, et les meilleurs, que vous ne planterez pas. Ces carrés seront mieux assolés, mieux labourés et mieux fumés ; au lieu de vous produire le 4 pour 1 de semence, ils vous produiront le 10 ou le 12 ; et par cette culture en semant la moitié moins, vous obtiendrez la même quantité, pour ne pas dire davantage, de grains et de paille ; ce qui n'est pas à dédaigner. Vous aurez en sus, tout le produit de la vigne. c'est-à-dire, 50 hectolitres, et avec les prix actuels des vins 1500 fr. par hectare. Et votre vigne qui ne sera plus en contact avec toutes ces herbes voraces et pernicieuses, qui recevra chaque année des labours profonds et donnés à

propos, que vous fumerez de temps à autre
avec des engrais végétaux tels que pezotes, lu-
pins, fèverons, vous donnera toujours et pendant
cent ans au moins, malgré la médiocrité du sol,
des résultats magnifiques. Vous aurez fait en
outre un acte de haute intelligence en agriculture en transformant les terrains maigres en
terrains productifs et plus productifs même que
les terrains gras et de première qualité.

Mais on m'objecte encore que si tout le monde
plante avec cet entrain, passez-moi le mot, avec
cette fureur, nos vins n'auront pas assez de débouchés.

A ces alarmistes je leur dis : « Vos craintes
« sont puériles et mal fondées. Avez-vous jeté
« les yeux sur une carte de France ? Avez-vous
« bien compté les départements vinicoles et
« surtout ceux qui peuvent encore recevoir de
« sensibles augmentations par les plantations de
« vignes ? L'échelle de proportion en mains,
« avez-vous bien mesuré l'étendue restreinte de
« ces terrains favorisés et qui peuvent encore se
« prêter à merveille à bien recevoir cette vigne

« si précieuse? Avez-vous bien calculé l'impor-
« tance des ravages désastreux causés par
« l'oïdium ? Faites-vous bien la part des nou-
« velles facilités des moyens de transport et des
« nouveaux traités de commerce? Vous êtes-
« vous bien dit, que la moitié des Français ne
« boivent pas du vin ? Pesez mûrement ces
« considérants et vos doutes et vos alarmes dis-
« paraîtront. Vous ne tiendrez plus ce langage
« qui tend à arrêter un élan vers le bien être que
« tout agriculteur doit encourager par son
« exemple, dans son intérêt particulier et pour
« la prospérité générale. »

C'est avec un vrai plaisir, en terminant cette
digression, que je me plais à rendre justice au
mérite agricole de M. Siry, notaire et maire de
Carcès, qui l'un des premiers a reconnu toute
l'importance que l'on pouvait retirer des terrains de médiocre qualité. Brisant la triste boîte
de la routine et des préjugés, sautant à pieds
joints sur les lazzis et les quolibets de certains
agriculteurs retardataires, avec une perspicacité
digne d'éloges, avec une intelligence rare, il a

fait faire d'immenses plantations dans ces terrains ; il commence aujourd'hui à retirer les
fruits de sa culture rationnelle et hardie, et dans
quelques années il sera sinon le plus riche, du
moins un des plus riches propriétaires vinicoles
du département du Var. L'exemple qu'il donne
ne sera pas sans fruit, sans imitateur fervent, et
pour mon compte je le déclare bien haut, je me
fais un vrai devoir de le suivre de loin, il est
vrai, dans l'excellente voie agricole qu'il nous
trace depuis quelques années.

CHAPITRE XIII.

—

TABLEAU

*Explicatif des diverses mesures principalement usitées
dans le Var, et calculées sur le système décimal.*

—

Le vin.

Depuis Toulon jusqu'au Luc, on parle à
charge et à boute.

La charge est de deux barils de 33 litres 1|3 chacun, ou 66 litres 2|3.

Les trois barils font l'hectolitre.

La boute est de huit charges ou 533 litres.

Depuis Vidauban jusqu'à Nice on parle à coupe.

La coupe est de 32 litres ; les deux coupes représentent la millerole ou 64 litres et la boute n'est que de 512 litres.

A Flassans, Besse, Cabasse, la charge est de 63 litres, et la boute n'est que de 504 litres.

A Carcès, Cotignac, la charge n'est que de 60 litres et la boute de 480 litres.

Les huiles.

La coupe est de 32 litres.

Le quartin est de 17 litres.

Le rup de 8 kil.

Le quintal est de 100 livres ou 40 kil.

Les céréales.

La charge est de 160 litres.

Le panal — 16 litres ou le 10me de la charge.

Le picotin est de 2 litres ou le 80° de la charge.

CHAPITRE XIV.

—

UNE CONSIDÉRATION QUI DEVRAIT ÊTRE FORTEMENT APPUYÉE ET
RELATIVE A LA CRÉATION D'UN MARCHÉ CENTRAL.

La bonne culture amène presque toujours la
bonne récolte ; une fois cette récolte obtenue,
il faut en tirer le meilleur parti, en retirer le
prix proportionnel le plus haut possible, c'est-
à-dire, traduire son fruit par l'argent et l'or,
qui sont indispensables pour continuer les travaux agricoles.

Avons-nous, principalement dans le Var, la
facilité d'un écoulement rapide, d'une vente fa-
vorable et convenable ?

Je ne le pense pas, et j'ai la conviction, la
certitude contraires. Nos olives sont achetées,
depuis quelque temps, règle générale, par des
commissionnaires, qui ne faisant aucune distinction des quartiers, des espèces, tous disent
le prix courant est de... ils livrent ainsi les olives

aux négociants qui à leur tour les reçoivent et les mélangent de nouveau ; en jetant impitoyablement sous la meule Entrecasteaux, le Cannet du Luc, Flayosc et Callas sans distinction de race, de qualité, ni d'exposition ; fabrication vicieuse qui ne peut donner que de mauvais résultats comme qualité.

Les vins sont aussi achetés par les négociants ou par les commissionnaires, qui viennent les goûter à domicile à des époques incertaines et indéterminées. Croyez-vous qu'ils recherchent la qualité? Eh ! mon Dieu non ! ils vous disent : nous voulons de gros vins, chargés en couleur et alcooliques. Aucun ne porte le pèse-vin ; ils se fient à leurs gosiers et pourvu que le vin soit dépouillé, noir et fort (rasclanti) cela leur suffit. Quant à la qualité, à la couleur vermeille et rose que doit avoir le vin, quant à son bouquet agréable, généralement quelconque, ils n'en parlent pas, et n'en tiennent aucun compte.

Parlerai-je des cocons? Des commissionnaires viennent aussi les acheter à un prix général et moyen pour tous ; comme s'ils étaient de la

même espèce et de la même qualité. Ils les con-
fondent, les mélangent et les expédient ensuite
à leurs commettants, qui en font le triage, s'ils
veulent.

Il en est de même pour le blé. On ne regarde
que la propreté, ne s'enquérant ni de l'espèce,
ni du terrain qui a pu le fournir, ni de son poids.

Avouez avec moi que ce système de vente est
vicieux, peu rationnel, nuisible à l'agriculture
et au négociant, navrant et décourageant pour
l'agriculteur qui cherche par une bonne culture
à obtenir de beaux produits qui ne sont nullement appréciés; car ici l'appréciation la plus
flatteuse doit être représentée par un prix
supérieur.

Quel serait le moyen efficace, le remède in-
faillible à ces inconvénients, à ces difficultés de
vente, à ces pertes en un mot; ce serait la création d'un marché réellement central établi au
chef-lieu du département ou dans toute autre
localité favorisée par sa position topographique.

Dans ce marché central on établirait soigneusement les qualités.

Ces qualités auraient divers prix.

Chaque propriétaire tendrait à avoir la meilleure qualité pour obtenir le prix le plus élevé.

De là naîtraient l'émulation, le désir de bien faire, la vente facile et presque journalière de sa ou de ses denrées, qui seraient réellement payées d'après la qualité et la valeur.

Un marché, ainsi établi, prendrait son rang d'importance et de réputation, les négociants des départements étrangers y viendraient ou s'y feraient représenter, nous vendrions alors nos produits sur place, et nous les vendrions par nous mêmes sans filière coûteuse, nous les vendrions aux époques qui nous conviendraient, et nous en retirerions exactement et directement la valeur convenue.

Je suis convaincu que le vin serait vendu au 10 p. 0 ̣ 0, l'huile au 15 et 20 p. 0 ̣ 0 en sus des cours actuels, et toutes les autres denrées éprouveraient une augmentation presque identique.

Le consommateur (sans distinction aucune de position) n'éprouverait aucune augmentation de dépense, il aurait à sa disposition le choix des qualités ; le propriétaire, outre l'écoulement facile des denrées, gagnerait au moins le 10 p. 0[0 et le négociant, à coup sûr, n'y perdrait pas.

Je livre ces considérations sommaires à la méditation des hommes spéciaux, et aux intelligences supérieures à la mienne, qui en feront mieux ressortir les avantages et les résultats ; je me contente, dans cet espoir, de terminer ma digression en disant bien haut : Qu'une administration supérieure qui prendrait l'initiative d'une mesure semblable, rendrait un service immense au département du Var, à l'agriculture, au commerce, et son nom serait, toujours et à perpétuité, entouré d'une auréole bienfaisante et populaire.

CHAPITRE XV.

AUX AGRICULTEURS ET AUX TRAVAILLEURS OU PAYSANS

Je manquerais à ma tâche, à mon devoir, si en terminant cette deuxième partie, je ne consacrais pas quelques lignes aux agriculteurs et aux travailleurs.

Je leur dirai donc:

Vous êtes les heureux, les riches et les puissants de la terre. Heureux, parce que vous êtes en contact journalier avec la nature, vous respirez à pleins poumons l'air pur de la campagne; vous jouissez presque chaque jour des rayons d'un soleil bienfaisant. Vous ne connaissez en quelque sorte ni les maladies, ni les épidémies qui tuent, déciment, portent en un mot le deuil et la désolation dans les grands centres. Avec des goûts simples réunis à une vie frugale, sans cette ambition qui dévore, sans cette corruption qui tue en vous laissant toujours des remords, vous arrivez paisiblement à la fin de votre carrière sans regret, sans crainte et presque sans souffrance.

Les riches. Est-ce que vos bras ne représentent pas un capital sérieux, important et indispensable ? N'êtes-vous pas indépendants par excellence ? N'avez-vous pas une liberté absolue ? Car qui est plus libre que vous sur le sol que vous a légué votre ancêtre, ou que vous avez acquis par votre travail ? Vous obtenez là tout ce qui est nécessaire, vous ne demandez rien à qui que se soit, vous avez littéralement tout ce qui est indispensable à la vie et aux besoins honnêtes. Vous êtes en un mot, un roi qui ne craint ni les émeutes, ni les révolutions.

N'êtes-vous pas les puissants ? Qu'entend-on par puissance ? Est-ce le nombre qui constitue la puissance ? Vous l'avez. Est-ce la force ? Vous l'avez encore. Est-ce le travail ? C'est votre lot. Sont-ce les emplois, les dignités ? Rien ne vous empêche de les obtenir, ou de les faire obtenir à qui bon vous semblera, c'est-à-dire, à celui que vous jugerez le plus honnête et le plus di-

gne ; car vous avez en mains le pouvoir absolu ,
vous formez l'immense majorité ; et grâces à
Dieu , avec le suffrage universel, votre vote a le
même poids et la même valeur que celui du
premier citoyen français.

Agriculteurs et travailleurs ! votre travail n'a
rien de dégradant pour l'homme ; au contraire,
il l'ennoblit, le purifie, le rend meilleur et lui
fait prendre le rang qu'il mérite dans une société bien organisée, c'est-à-dire, le 1er rang,
car le travail est la première des vertus civiques
et le premier des devoirs.

Vous êtes utiles à vos semblables, donc vous
êtes nobles.

Vous exercez une profession sainte et sacrée,
vous êtes respectables.

Vous avez pour vous l'air et l'espace, vous
êtes libres.

La franchise et la loyauté sont vos qualités,
donc vous êtes honnêtes citoyens et ce titre là
vaut certes bien des fortunes, des emplois et
des qualifications.

Aimez toujours le travail agricole, qu'une

ambition malheureuse ne vous pousse jamais à quitter vos instruments aratoires pour d'autres outils dont le produit est parfois incertain, et vous serez heureux à coup sûr.

Exercez toujours votre profession avec une foi religieuse, et Dieu répandra sur vous ses bienfaits et ses faveurs, vous prospèrerez en paix, et votre famille grandira sous l'égide tutélaire de l'honnêteté et du travail.

Conservez toujours cette liberté si précieuse, et sachez en faire, à propos, un noble et intelligent usage, en réunissant votre puissante voix à tout ce qui a trait à la prospérité, à la richesse et aux libertés nationales.

Que jamais la discorde et la division ne s'introduisent dans vos rangs, et avec ce cachet de perspicacité et de bon sens, qui est votre apanage, repoussez l'intrigant et le trompeur, et mettez votre confiance en l'homme bien connu qui veut pour tous, la liberté, la justice, la grandeur et le progrès.

Que les portes des tribunaux soient constamment fermées pour vous ; passez en courant

devant ces hôtels de magnifique structure, dont
la création est nécessaire, mais qu'il faut soigneusement éviter dans l'intérêt de votre tran-
quillité, de votre réputation et de votre bourse.
En cas de contestation, ayez recours à vos
pareils, vrais experts amis, qui applaniront, à
coup sûr, détruiront les difficultés qui ont pu
naître entre vous, sans qu'il reste la moindre
trace, le moindre levain de ressentiment, d'ini-
mitié ou d'amour propre et d'intérêts froissés.

Dites-vous toujours : sous ma veste de bure,
bat le cœur d'un homme simple mais honnête
qui ne faillira jamais au travail, à l'honneur et
à ses devoirs sociaux.

Cela faisant, vous serez le bienfaiteur et le
patriarche de votre maison, un citoyen à la main
calleuse, il est vrai, mais purifiée par le travail,
mais noble par le cœur et par les habitudes ; et
vous prouverez que si dans notre pays les uns
se distinguent par leur intelligence, par leur
découvertes, par leur instruction et par leur
courage, vous vous distinguerez surtout par
votre honnêteté, par votre franchise, par votre

dévouement à vos semblables, et vous aurez
cette consolation, à la fin de votre honorable
carrière, de vous écrier : J'ai été simple de
mœurs, mais d'une honnêteté à toute épreuve
et irréprochable.

FIN DE LA DEUXIÈME PARTIE.

TABLE DU DEUXIÈME VOLUME

DE

L'ESSAI D'UN TRAITÉ

DE

L'AGRICULTURE PROVENÇALE.

———

CHAPITRE Ier.

CHAPITRE II.

II

www.ingramcontent.com/pod-product-compliance
Lightning Source LLC
Chambersburg PA
CBHW072308210326
41519CB00057B/3064